高等职业教育工业机器人技术应用专业规划教材

基于总线的模块化机器人控制与实现

主　编　王文斌　陈国栋　王振华

电子工业出版社

Publishing House of Electronics Industry

北京·BEIJING

内 容 简 介

本书以一种 6 关节的串联模块化机器人为载体,该机器人采用西门子 S7-200 为主控制器、大工计控 PEC 6000 运动控制 PLC 为从控制器的一主多从控制方式。主从之间采用工业总线——ModBus 进行通信。

通过本书的学习,读者不仅可以了解到工业上常见的机器人关节传动系统的机械结构组成以及电气控制系统的组成,并能够对机器人的传动系统进行分析以及对相关的伺服电机或步进电机进行选型。本书还进一步介绍了基于 ModBus 工业总线的多主从的通信技术的实现,并通过由简单到复杂实训任务来逐步讲解对步进电机/伺服电机的驱动控制、单轴的精确定位控制、单轴的复位控制、单轴的复位、示教及再现控制,最终推广到 2 轴和 4 轴的控制,最后实现对 6 轴机器人的复位、示教以及再现的原理级编程,从而使学生不仅掌握模块化机器人的操作方式,也掌握基于 PTP(Point to Point)机器人控制方式的原理和编程。

本书可以作为高等学校和职业院校的机器人专业、机电一体化专业、自动化专业等相关专业的课程教材,也可供广大从事机电一体化、自动化生产线、机器人应用领域的技术人员自学和应用参考。

图书在版编目(CIP)数据

基于总线的模块化机器人控制与实现 / 王文斌,陈国栋,王振华主编. —北京:电子工业出版社,2016.8
ISBN 978-7-121-29029-9

Ⅰ.①基… Ⅱ.①王… ②陈… ③王… Ⅲ.①机器人控制—研究 Ⅳ.①TP24

中国版本图书馆 CIP 数据核字(2016)第 128735 号

策划编辑:朱怀永
责任编辑:朱怀永 李 静　　　　特约编辑:王 纲
印　　刷:三河市双峰印刷装订有限公司
装　　订:三河市双峰印刷装订有限公司
出版发行:电子工业出版社
　　　　　北京市海淀区万寿路 173 信箱　　邮编　100036
开　　本:787×1 092　1/16　　印张:16　　字数:409.6 千字
版　　次:2016 年 8 月第 1 版
印　　次:2020 年 8 月第 2 次印刷
定　　价:35.00 元

前　言

当今，工业机器人成为国家重点发展对象之一，工业机器人主要有机械本体、执行驱动、传感检测和控制器四部分组成，是一种仿人操作、自动控制、可重复编程、能在三维空间完成各种作业的机电一体化自动生产设备，特别适合多品种、变批量的柔性生产。另外，随着"工业 4.0"时代的到来，机器人在应用上不是孤立的，其必须跟其他自动化设备组网在一起。本书围绕模块化 6 自由度机器人，介绍了模块化机器人各关节传动系统的机械结构组成，执行驱动及传感系统的组成，以及从简单到复杂的机器人控制编程方法。另外，本设备基于 ModBus 工业总线采用 1 个主控 PLC 加 2 个从控 PLC 方式，形成一个简单的工控网。使得通过本书的学习还能掌握 ModBus 总线工业组网及通信的开发方法。

本书共分为五个部分：模块化机器人的认识（模块 1）、模块化机器人的机械传动系统（模块 2）、模块化机器人计算机控制基础（模块 3）、模块化机器人的执行驱动技术（模块 4）和模块化机器人的编程实现（模块 5）。

在模块化机器人的认识部分，重点介绍了模块化机器人的本体构成，模块化机器人的传感器系统、模块化机器人的电气系统组成及电气控制的原理图，还有基于不同控制平台的模块化机器人操作的方法。

在模块化机器人的机械传动系统部分，重点介绍了模块化机器人各个不同的关节模块用到的传动机构及其传动的特征，并在配套的教学资源中给出了各个模块机械结构组装的工艺和过程。接着介绍了机械传动系统的分析计算的方法，在此基础上，进一步介绍了模块化机器人的电机选型应用的方法。

在模块化机器人计算机控制基础部分，介绍了模块化机器人计算机控制的方式，介绍了模块化机器人主控制器 S7-200 PLC 和从控制器的 PEC 6000 PLC 的应用开发方法，并介绍了 ModBus 总线协议及组网方法，在此基础上通过实训项目来认识单主单从的通信及单主多从的通信编程实现。

在模块化机器人的执行驱动部分，介绍了工业上常见的电机的工作特点及驱动方法，并通过简单到复杂的实训项目依次实现了基于 PEC 6000 的电机控制编程、基于主从控制方式的电机位置控制编程、基于主从控制方式的电机复位编程、基于主从控制方式的示教编程、基于主从控制方式再现编程。从而实现了单轴的复位、示教及再现控制编程。

在模块化机器人的编程实现部分，先实现 2 轴的复位、示教及再现编程，再实现 4 轴的复位、示教及再现编程，在此基础上完成 6 轴的模块化机器人的复位、示教及再现编程。最后基于这种控制方式，可以比较容易地扩展到目前工业生产线上简单机械手的上、下料等的编程控制。

本书具有以下的特点。

实用性强：本书是校企合作开发教材。在机械上，江苏汇博机器人根据工业机器人常见的传动机构设计了机器人本体，并提供机器人的装配过程及相关资料。在控制上，采用工业上常用的 PLC 控制、ModBus 总线、运动控制卡等能够直接满足工业上的实际应用需求。

内容丰富：以模块化机器人为分析实例，比较全面地讲述了机器人的机械本体、执行机构、传感器、计算机控制的编程开发方法。

做学结合：本书的实训项目穿插每个章节，并且都提供有对应的项目单，通过从简单到复杂、由局部到整体的实训项目，便于教师在课堂上按照做中学、学中做的方式开展教学。

本书以大量的实例为载体，并给出了机械示意图、电气接线图、控制程序编程思路、控制源程序等，使读者通过本书的学习，可以尽快地掌握基于 PTP 机器人控制方式的原理和编程，并可以很快地扩展到其他相关的工业应用领域。

本书由深圳职业技术学院王文斌老师和苏州大学陈国栋、王振华负责编写并统编全稿，本书在编写过程中得到江苏汇博机器人技术股份有限公司的大力支持，同时参加编写、项目开发及程序调试工作的还有陈伟、刘立斌、杨清义、于百领等。在此一并表示感谢。

由于时间仓促，书中难免存在疏漏和不足之处，敬请广大读者批评指正。

目　录

模块 1　模块化机器人的认识

1.1　任务 1——模块化机器人的系统组成认识

1.1.1　模块化机器人的本体构成介绍

模块化机器人由六个基本模块组成，按照机器人关节区分，可分为模块 1～模块 6，模块从 1 到 6 逐节串联组合。每一模块既可以独立控制运行，亦可以六个模块组合在一起构成类似工业串联关节机器人形式。模块化机器人的末端安装气动手爪或电磁铁，可以进行取放工件、装配操作等。

按照从下到上的顺序，各模块名称依次分别为：模块 1、模块 2、模块 3、模块 4、模块 5、模块 6 和执行终端，如图 1-1 所示。

模块 1 采用步进电机驱动，谐波减速器传动，直连垂直放置结构。末端旋转运动，旋转角度可达到±90°。

模块 2 采用伺服电机驱动，XB1 型谐波减速器传动，直连水平放置结构。末端回转运动，旋转角度±45°。该关节在整体组合后承受力矩最大。

模块 3 采用步进电机驱动，连接同步带减速传动带动谐波减速器，末端回转运动，旋转角度±45°。

模块 4 采用步进电机驱动，蜗轮蜗杆传动输出结构。末端旋转运动，旋转角度±90°。

模块 5 采用步进电机驱动，直连齿轮减速器，同步带传动，直连水平放置结构。末端回转运动，旋转角度±50°。

模块 6 采用步进电机驱动，锥齿轮减速传动，垂直放置结构。末端旋转运动，旋转角度±90°。

执行终端可以采用电磁铁或气动夹持装置。

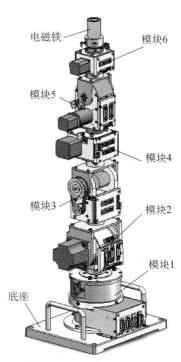

图 1-1　模块化机器人各模块组成

模块化机器人气动夹持装置包括气泵、油水分离器、控制阀、手爪本体（进口 SMC 汽缸）及气管五部分组成，只需要按照图 1-2 所示的顺序，顺次连接各部件，即可完成气动夹持装置的安装过程。图中粗线表示以气管相连接，细线表示以电线相连接。在按照图 1-2 所示连接完毕后，将夹持器本体用 M4 螺钉安装紧固在手腕法兰盘上即可完成安装。

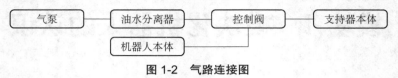

图 1-2　气路连接图

当夹持系统连接完毕后，首先确认气泵出气口处于关闭状态，然后将气泵通电，打开开关使气泵工作储气。此时，调整油水分离器上的控制压力开关至最低状态，确认手爪部位处于闭合状态。当气泵达到额定压力或者超过 0.5MPa 时，可以打开气泵出气口开关，然后缓慢调节油水分离器上的控压开关至气压表显示读数为 0.3～0.4MPa（推荐）。此时，手爪应该处于夹紧状态，可以用手轻轻掰动夹持器（见图 1-3）手指，看是否已经有力存在。如果有，说明系统连接正常，可以操作软件中测试手爪部分开始测试。

模块化机器人末端可连接电磁铁，经济实用，进行搬运、装配等机器人操作，如图 1-4 所示。

图 1-3　气动手爪

图 1-4　电磁铁

1.1.2　模块化机器人的传感器系统组成

机器人中，传感器的任务是获取各运动关节的状态信息，并根据所获的关节信息来控制系统的运行，包括用于测量每个关节是否达到极限角度的限位传感器，用于精确测量电机的运动角度的光电编码器。

限位传感器是一种位置传感器（又称限位开关），用于测量一个物体是否到达某一个位置。在数控机床和机器人等机械设备中，为了保护运动机械的安全，不与机械的物理限位发生碰撞，损害设备，必须将运动体的运动范围限定在一个安全的范围之内，这时就必须在基座上安装限位传感器。

现在工业上常用的限位传感器有接触式和非接触式两种，接触式行程开关外形与结构如图 1-5 所示。其原理如普通开关一样，只有"1"和"0"两种状态。当运动体运动到行程开关位置，将触点压下，行程开关接通，输出一个变化的电平，通知控制器运动体到达了该极限位置。接触式行程开关存在响应速度低、精度差、接触监测容易损坏等缺点，但由于性能可靠、价格低廉，在许多精度要求不高的工业场合仍然大量使用。

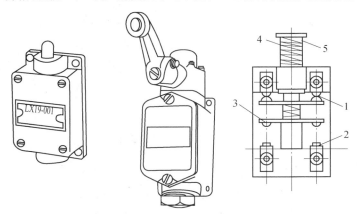

1—常闭触头；2—常开触头；3—触桥；4—复位弹簧；5—推杆

图1-5 接触式行程开关外形与结构

安装有接触式传感器的一维数控工作台如图1-6所示。为了减少撞击力并保护限位开关，在工作台上面装有小铁片，当小铁片运动到将接触式限位开关触点按下位置时，指示运动物体到达该极限位置。数控工作台每个运动轴上都安装有正向和负向两个限位传感器。

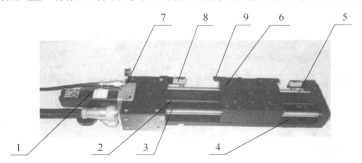

1—电机；2—丝杠螺母副；3—滚动直线导轨副；4—底座；5—尾座板；

6—上台面；7—电机罩；8—接触式限位开关；9—小铁片

图1-6 装有接触式传感器的一维数控工作台

非接触式限位开关又可以分为光电式和磁电式等几种，磁电式限位开关和光电式限位开关由于体积小、功能多、寿命长、精度高、响应速度快、监测距离远等特点，目前在工业现场应用比较普遍。常见非接触式传感器如图1-7所示。

磁电式限位开关利用电磁感应原理工作，使用时将传感器安装在需要限定的位置，并在运动体上安装一个小铁片，当运动体运动到传感器安装位置时，小铁片正好位于磁电传感器探头的上方，传感器内部的电磁感应电路输出变化的电压或者电流。而光电限位开关实际上就是一个发光二极管和光敏二极管，它一般处于反向工作状态。在没有发光二极管的照射情况下，光敏二极管反向电阻很大，反向电流很小；在有发光二极管照射时，反向电阻减小，电流增大。光敏二极管能够探测从红外线到紫外线的很长光谱范围。

（a）光电传感器（欧姆龙）　　　　　　　　（b）磁电传感器(欧姆龙)

图 1-7　非接触式传感器

光电编码器是一种码盘式角度-数字检测元件。如图 1-8 所示，它有两种基本类型：一种是绝对式编码器，是把被测转角通过读取码盘上的图案信息直接转换成相应代码的检测元件。如图 1-7 所示把旋转角度的现有值，以白色的背景为 1，则可以用 1111 的二进制码表示进行输出。

另一种是增量式编码器及相对值式编码器，是每旋转一定的角度，就有 1bit 的脉冲（1 和 0 交替取值）被输出，相对值型用计数器对脉冲进行累积计算。增量式编码器具有结构简单、价格低、精度易于保证等优点，所以目前采用最多。

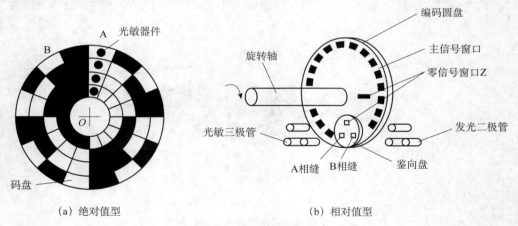

（a）绝对值型　　　　　　　　　　　　　（b）相对值型

图 1-8　光电编码器

它由编码圆盘、鉴向盘、发光二极管和光敏三极管等组成。在图形的编码圆盘（光电盘）周边上刻有节距相等的辐射状窄缝，形成均匀分布的透明区和不透明区。鉴向盘与编码圆盘平行，并刻有 A、B 两组透明检测窄缝，它们彼此错开 1/4 节距，以使 A、B 两个光敏三极管的输出信号在相位上相差 90°。工作时，鉴向盘静止不动，编码圆盘与转轴一起转动，光源发出的光投射到编码圆盘与鉴向盘上。当编码盘上的不透明区正好与鉴向盘上的透明窄缝对齐时，光线被全部遮住，光敏三极管输出电压为最小；当编码圆盘上的透明区正好与鉴向盘上的透明窄缝对齐时，光线全部通过，光敏三极管输出电压为最大。光敏三极管 A、B 的输出电压相位差为 90°。相对值型编码器 A、B 相信号示意图如图 1-9 所示。经逻辑电路处理就可以测出被测轴的相对转角和转动方向。

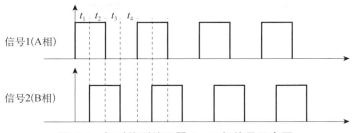

图 1-9　相对值型编码器 A、B 相信号示意图

模块化机器人在各模块共安装了 7 个非接触式的光电传感器，其中 6 个作为限位开关，1 个作为 0 位开关。另外在第二关节伺服电机上还有 1 个相对值式光电码盘，具体安装位置及名称见表 1-1。其安装位置如图 1-10 所示

表 1-1　模块化机器人传感器安装配置表

	零位开关	正向限位开关	负向限位开关	编码器
模块 1	未安装	1EL+	1EL-	无
模块 2	未安装	未安装	2EL-	有
模块 3	未安装	未安装	3EL-	无
模块 4	未安装	未安装	4EL-	无
模块 5	未安装	未安装	5EL-	无
模块 6	6ORG	未安装	未安装	无

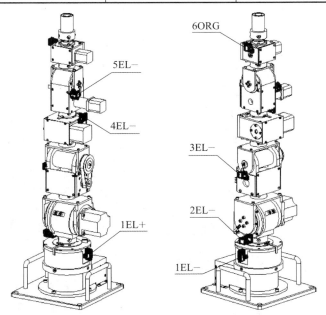

图 1-10　模块化机器人的传感器安装示意图

1.1.3 模块化机器人的电气控制系统

模块化机器人采用三种系统控制方式，分别为运动控制卡控制方式、基于 MAX 运动控制芯片控制方式和基于 PLC 的控制方式，这三种控制方式的控制区面板如图 1-11 所示。通过本体控制区的驱动信号线与运动控制卡控制区或手动控制区或 PLC 控制区的连接，分别可采用嵌入式计算机作为控制器的方式进行控制，基于 MAX 运动控制芯片的控制或者采用 PLC 作为控制器的方式进行控制。下面分别就三种控制方式的电气系统接线进行介绍。

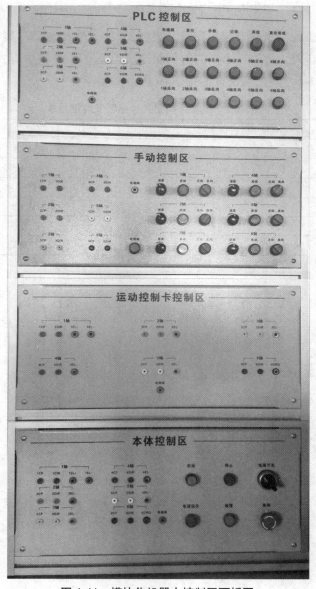

图 1-11　模块化机器人控制区面板图

1. 基于嵌入式计算机的运动控制卡的控制接线

采用嵌入式计算机进行控制时，计算机需要添加对应的运动控制卡，由运动控制卡驱动对应的步进或者伺服电机来实现模块化机器人的运动。其中操作软件采用 VC++语言进行开发。其编程开发方法，在另外指导书中介绍，本书只进行操作介绍。其操作的接线如图。将运动控制卡控制区和本体控制区电气信号线通过转接线一一对应连接，见表 1-2。本体控制上还有一些电气开关，如图 1-12 所示，启动按钮 SB1 为绿色的带灯按钮，实现机器人本体上电；停止按钮 SB2 为红色的带灯按钮，实现机器人本体断电；SA1 电源开关为旋转掰钮，实现系统供电；HL1 为红色的电源指示灯，HL2 为黄色的报警指示灯，SB3 为急停旋钮。模块化机器人的运动控制卡控制区接口图如图 1-13 所示。

表 1-2　运动控制卡区和本体控制区面板连线

运动控制卡控制区			本体控制区	
插孔	颜色	说明	插孔	颜色
1CP	红	1 轴脉冲信号	1CP	红
1DIR	红	1 轴方向信号	1DIR	红
1EL−	红	1 轴负向限位	1EL−	红
1EL+	红	1 轴正向限位	1EL+	红
2CP	绿	2 轴脉冲信号	2CP	绿
2DIR	绿	2 轴方向信号	2DIR	绿
2EL−	绿	2 轴负向限位	2EL−	绿
3CP	黄	3 轴脉冲信号	3CP	黄
3DIR	黄	3 轴方向信号	3DIR	黄
3EL−	黄	3 轴负向限位	3EL−	黄
4CP	蓝	4 轴脉冲信号	4CP	蓝
4DIR	蓝	4 轴方向信号	4DIR	蓝
4EL−	蓝	4 轴负向限位	4EL−	蓝
5CP	白	5 轴脉冲信号	5CP	白
5DIR	白	5 轴方向信号	5DIR	白
5EL−	白	5 轴负向限位	5EL−	白
6CP	黑	6 轴脉冲信号	6CP	黑
6DIR	黑	6 轴方向信号	6DIR	黑
6ORG	黑	6 轴零点信号	6ORG	黑
电磁阀	红	电磁阀信号	电磁阀	红

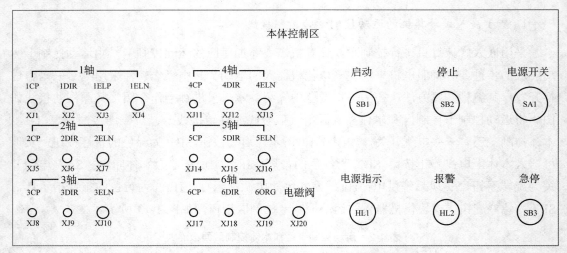

图 1-12   模块化机器人的手动控制区面板图

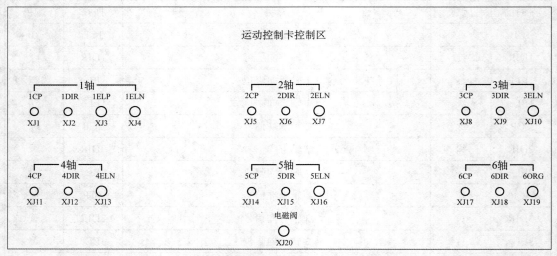

图 1-13   模块化机器人的运动控制卡控制区接口图

2. 基于 Max 运动控制芯片的控制接线

采用 Max 运动控制芯片的控制,将手动控制区和本体控制区电气信号线通过转接线一一对应连接,见表 1-3。需要注意的是由于手动控制区中没有限位开关接口,因此本体限位开关的信号线不需要引出。手动控制区上还有一些电气开关,其功能见表 1-4。

模块化机器人基于 Max 运动控制芯片控制区接口图如图 1-14 所示。

表 1-3   Max 运动控制手动控制区和本体控制区面板连线

运动控制卡控制区			本体控制区	
插孔	颜色	说明	插孔	颜色
1CP	红	1 轴脉冲信号	1CP	红
1DIR	红	1 轴方向信号	1DIR	红

（续表）

运动控制卡控制区			本体控制区	
插孔	颜色	说明	插孔	颜色
2CP	绿	2 轴脉冲信号	2CP	绿
2DIR	绿	2 轴方向信号	2DIR	绿
3CP	黄	3 轴脉冲信号	3CP	黄
3DIR	黄	3 轴方向信号	3DIR	黄
4CP	蓝	4 轴脉冲信号	4CP	蓝
4DIR	蓝	4 轴方向信号	4DIR	蓝
5CP	白	5 轴脉冲信号	5CP	白
5DIR	白	5 轴方向信号	5DIR	白
6CP	黑	6 轴脉冲信号	6CP	黑
6DIR	黑	6 轴方向信号	6DIR	黑
电磁阀	红	电磁阀信号	电磁阀	红

表 1-4　手动控制区电气元件的功能

运动控制卡控制区			本体控制区
元件标号	元件功能	说明	所属轴组
SA1	1 轴速度调节旋钮	1 轴速度快慢调节	第 1 轴
SB1	1 轴工作按钮并带指示灯	1 轴上电启动	
SA7	1 轴运动方向选择瓣钮	1 轴正/反向运动选择	
SA2	2 轴速度调节旋钮	2 轴速度快慢调节	第 2 轴
SB2	2 轴工作按钮并带指示灯	2 轴上电启动	
SA8	2 轴运动方向选择瓣钮	2 轴正/反向运动选择	
SA3	3 轴速度调节旋钮	3 轴速度快慢调节	第 3 轴
SB3	3 轴工作按钮并带指示灯	3 轴上电启动	
SA9	3 轴运动方向选择瓣钮	3 轴正/反向运动选择	
SA4	4 轴速度调节旋钮	4 轴速度快慢调节	第 4 轴
SB4	4 轴工作按钮并带指示灯	4 轴上电启动	
SA10	4 轴运动方向选择瓣钮	4 轴正/反向运动选择	
SA5	5 轴速度调节旋钮	5 轴速度快慢调节	第 5 轴
SB5	5 轴工作按钮并带指示灯	5 轴上电启动	
SA11	5 轴运动方向选择瓣钮	5 轴正/反向运动选择	
SA6	6 轴速度调节旋钮	6 轴速度快慢调节	第 6 轴
SB6	6 轴工作按钮并带指示灯	6 轴上电启动	
SA12	6 轴运动方向选择瓣钮	6 轴正/反向运动选择	
SB7	电磁阀动作按钮	电磁阀上电或断电	电磁阀

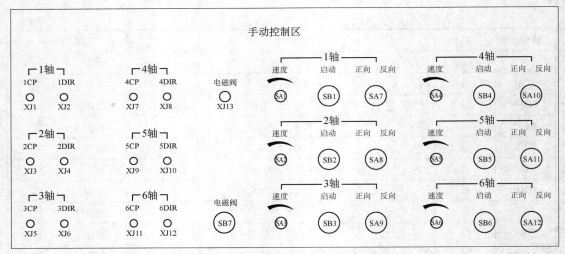

图 1-14　模块化机器人基于 Max 运动控制芯片控制区接口图

3. 基于 PLC 的控制接线

PLC 控制平台的方式，其电气系统接线如图 1-15 所示，PLC 分为上位的主控机和下位的从控机两个部分，上位机采用西门子 S7-200 的 PLC1，其通过 PORT0 串口的 W-RS485-1 总线分别和 PLC2（即 1 号从站 PEC 6000 PLC1）、PLC3（即 2 号从站 PEC6000 PLC2）相连，实现主控与从控计算机的通信。PLC2 通过网线和编程开发的计算机相连。PLC3 亦通过网线和编程开发的计算机相连相连，实现程序的编程开发和下载。各按钮和限位开关的接线，可参考电气系统接线图。将 PLC 控制区和本体控制区之间通过转接线一一对应连接，见表 1-5。PLC 控制区内其他电气元件的功能见表 1-6。

模块化机器人 PLC 控制区面板接线图如图 1-16 所示，模块化机器人整体图如图 1-17 所示。

表 1-5　PLC 控制区和本体控制区面板连线

PLC 控制区			本体控制区	
插孔	颜色	说明	插孔	颜色
1CP	红	1 轴脉冲信号	1CP	红
1DIR	红	1 轴方向信号	1DIR	红
1EL−	红	1 轴负向限位	1EL−	红
1EL+	红	1 轴正向限位	1EL+	红
2CP	绿	2 轴脉冲信号	2CP	绿
2DIR	绿	2 轴方向信号	2DIR	绿
2EL−	绿	2 轴负向限位	2EL−	绿
3CP	黄	3 轴脉冲信号	3CP	黄
3DIR	黄	3 轴方向信号	3DIR	黄
3EL−	黄	3 轴负向限位	3EL−	黄

（续表）

PLC 控制区			本体控制区	
插孔	颜色	说明	插孔	颜色
4CP	蓝	4 轴脉冲信号	4CP	蓝
4DIR	蓝	4 轴方向信号	4DIR	蓝
4EL−	蓝	4 轴负向限位	4EL−	蓝
5CP	白	5 轴脉冲信号	5CP	白
5DIR	白	5 轴方向信号	5DIR	白
5EL−	白	5 轴负向限位	5EL−	白
6CP	黑	6 轴脉冲信号	6CP	黑
6DIR	黑	6 轴方向信号	6DIR	黑
6ORG	黑	6 轴零点信号	6ORG	黑
电磁阀	红	电磁阀信号	电磁阀	红

表 1-6　PLC 控制区电气元件的功能

元件标号	元件功能	说明	PLC I/O 连接	所属轴组
SB1	1 轴反向运动旋钮	1 轴反向运动	PLC2 I05（PEC 6000 PLC1）	第 1 轴
SB7	1 轴正向运动按钮	1 轴正向运动	PLC2 I09（PEC 6000 PLC1）	第 1 轴
SB2	2 轴反向运动旋钮	2 轴反向运动	PLC2 I06（PEC 6000 PLC1）	第 2 轴
SB8	2 轴正向运动按钮	2 轴正向运动	PLC2 I10（PEC 6000 PLC1）	第 2 轴
SB3	3 轴反向运动旋钮	3 轴反向运动	PLC2 I07（PEC 6000 PLC1）	第 3 轴
SB9	3 轴正向运动按钮	3 轴正向运动	PLC2 I11（PEC 6000 PLC1）	第 3 轴
SB4	4 轴反向运动旋钮	4 轴反向运动	PLC2 I08（PEC 6000 PLC1）	第 4 轴
SB10	4 轴正向运动按钮	4 轴正向运动	PLC2 I12（PEC 6000 PLC1）	第 4 轴
SB5	5 轴反向运动旋钮	5 轴反向运动	PLC3 I02（PEC 6000 PLC2）	第 5 轴
SB11	5 轴正向运动按钮	5 轴正向运动	PLC3 I04（PEC 6000 PLC2）	第 5 轴
SB6	6 轴反向运动旋钮	6 轴反向运动	PLC3 I03（PEC 6000 PLC2）	第 6 轴
SB12	6 轴正向运动按钮	6 轴正向运动	PLC3 I05（PEC 6000 PLC2）	第 6 轴
SB13	电磁阀上电按钮并带指示灯	电磁阀上电或断电	PLC2 I13（PEC 6000 PLC1）	电磁阀
SB14	复位按钮并带指示灯	机器人复位输入	200PLC I0.0 复位输入	机器人动作控制
SB14	复位按钮并带指示灯	机器人复位输入	200PLC Q0.0 复位指示灯	机器人动作控制
SB15	示教按钮并带指示灯	机器人示教输入	200PLC I0.1 示教输入	机器人动作控制
SB15	示教按钮并带指示灯	机器人示教输入	200PLC Q0.1 示教指示灯	机器人动作控制
SB16	记录按钮并带指示灯	机器人示教记录	200PLC I0.2 记录输入	机器人动作控制
SB16	记录按钮并带指示灯	机器人示教记录	200PLC Q0.2 示教记录指示灯	机器人动作控制
SB17	再现按钮并带指示灯	机器人再现输入	200PLC I0.3 再现输入	机器人动作控制
SB17	再现按钮并带指示灯	机器人再现输入	200PLC Q0.3 示教再现指示灯	机器人动作控制
HL1	红色指示灯	复位完成指示灯	200PLC Q0.4 复位完成指示灯	机器人动作控制

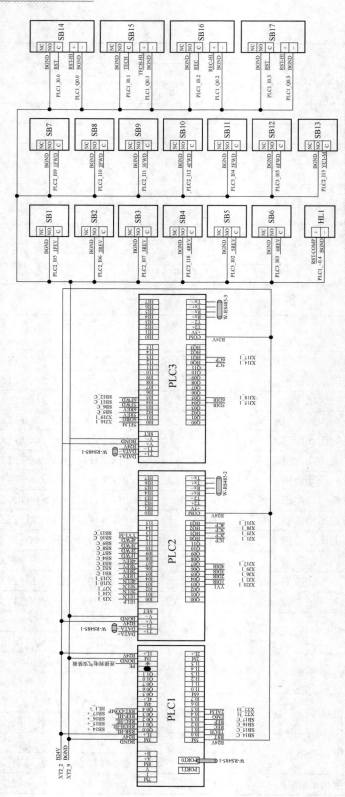

图 1-15 模块化机器人 PLC 电气接线图

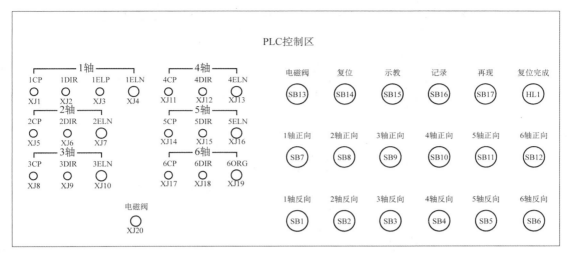

图 1-16 模块化机器人 PLC 控制区面板接线图

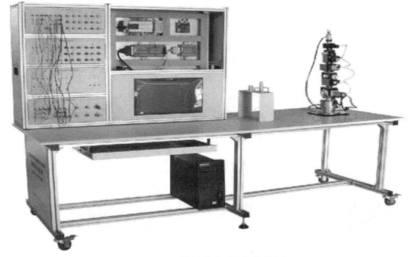

图 1-17 模块化机器人整体图

1.2 任务 2——模块化机器人的操作认识

1. 基于嵌入式计算机控制的机器人操作方式

具体操作步骤如下：

① 启动计算机，运行机器人软件，界面如图 1-18 所示。

② 在主界面中单击"模块组合方式"按钮，出现如图 1-19 所示界面。

③ 将 6 个模块都选上，手爪也选上，单击"确定"按钮。

④ 单击"示教"按钮，出现如图 1-20 所示界面。

图 1-18　基于运动控制卡操作主界面

图 1-19　模块组合方式界面

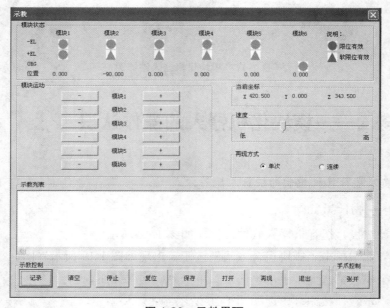

图 1-20　示教界面

⑤ 在"速度"中选择示教速度（由左到右、从低速到高速分别为 1.5 度/秒、6 度/秒、12 度/秒、24 度/秒共四个挡，默认是 6 度/秒，一般情况下建议选择 12 度/秒；在"模块运动"中有每个关节的正反向运动，持续按下相应模块的按钮，机器人的模块会按照指令运动，松开相应的按钮，机器人的模块会停止运动。

⑥ 在机器人"模块状态"和"当前坐标"中，可以实时显示机器人的运动状态，当每运动到一个点，必须按下"记录"按钮，在再现时机器人将忽略中间过程而只再现各个点，在"示教列表"中会记录并显示机器人相应模块运动的信息，继续运动其他模块，直到整个示教程序完成。

⑦ 单击"保存"按钮，示教完的信息以*.RBT6 格式保存在示教文件中。

⑧ 单击"再现"按钮，机器人按照记录的机器人各模块信息再现一遍运动轨迹。

⑨ 单击"清空"按钮，会把示教列表全部清除。

⑩ 单击"退出"按钮，退出当前界面。

! 单击"机器人复位"按钮，使机器人回到零点位置。

@ 关闭计算机。

断开控制柜电源。

2. 基于 Max 运动控制芯片的操作方式

通过手动控制区面板上的按钮实现基于 Max 运动控制芯片对机器人的操作。首先设置对应的轴速度旋钮，调整对应的转动速度，然后通过方向的按钮选择该轴顺时针或逆时针方向旋转，最后通过轴工作按钮来给该轴上电，实现该轴的运动。由于限位开关信号没有输入 Max 运动控制芯片，因此，在手动运动时，每根轴速度不能设置过快；另外，在运动时随时要肉眼观察，该轴运动范围不能超限。

3. 基于 PLC 的机器人控制系统的操作方式

模块化机器人控制系统操作流程图如图 1-21 所示。

① 关闭气泵的气路开关，启动气泵到预定压力后开启气路开关。

② 连接好 PLC 控制区与本体控制区。

③ 将主站 S7-200 PLC、从站 PEC 6000 通过编程电缆与 PC 进行连接。

④ 打开操作面板上的电源开关，电源指示灯亮。

⑤ 系统上电，开始运行。

⑥ 打开资料光盘中的"可拆装模块化多控制机器人（主站）.mwp"程序，将其下载至 S7-200 PLC（如 PLC 中程序为系统原程序未更改，则无须重新下载）。

⑦ 打开资料光盘中的"可拆装模块化多控制机器人（从站）.pecx"程序，将其下载至 1 号从站 PEC 6000 PLC1 和 2 号从站 PEC 6000 PLC2 中（如模块中程序为系统原程序未更改，则无须重新下载）。

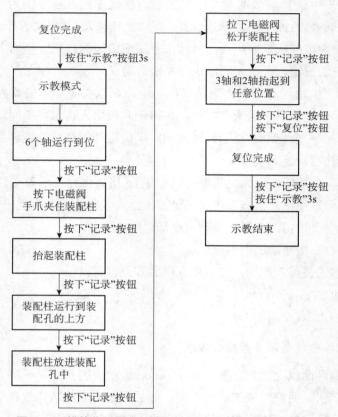

图 1-21　模块化机器人控制系统操作流程图（PLC 控制）

⑧ 在确保 PLC 启动完毕后（S7-200 PLC Q1.0 和 Q1.1 常亮），按下控制面板的"启动"按钮，启动指示灯（绿色）亮，停止灯灭。

⑨ 延时 2s，延时继电器得电，伺服驱动器伺服使能。

⑩ 按下复位按钮，系统开始复位，S7-200 PLC 输出端 Q0.0 亮，面板上"复位"指示灯闪烁。

⑪ 复位完成后，S7-200 PLC 输出端 Q0.0 灭，"复位"指示灯灭，Q0.4 亮，"复位完成"指示灯常亮。

⑫ 系统复位完成后，才能进行示教、再现。

⑬ 示教过程。机器人复位完成后，按住"示教"按钮约 3s，S7-200 PLC 输出端 Q0.1 亮，面板上"示教"指示灯常亮，表明系统进入了示教模式。请注意系统一旦进入示教模式，原来的示教数据将被清除，必须重新示教，所以在不需要对机器人进行示教操作时请不要进入系统的示教模式，以免数据丢失；进入示教模式后，通过控制面板的各个关节对应的正反转按钮和手爪电磁阀按钮来控制模块化机器人运行，运行至合适位置后，按下"记录"按钮对当前各轴位置及手爪电磁阀信息进行保存。每按一次"记录"按钮，记录一组数据。在记录数据时请注意，按下"记录"按钮后必须等待 S7-200 PLC 输出端 Q0.2

变亮且"记录"指示灯亮起后方可松开按钮，Q0.2 变亮表明数据记录成功，如果在 Q0.2 未变亮前松开按钮，数据可能未记录成功。

⑭ 示教完成后，按"示教"按钮 3s，退出示教模式，Q0.1 灭；示教完成后，需要重新复位才能运行再现程序或再次运行示教程序。

⑮ 再现过程。

⑯ 示教完成后，按下"复位"按钮，对系统进行复位，S7-200 PLC Q0.0 亮，"复位"指示灯闪烁；复位完成后，S7-200 PLC Q0.4 亮，"复位完成"指示灯常亮；按下再现按钮，为确保该信号通信成功，按下"再现"按钮时间需稍长。S7-200 PLC Q0.3 亮，"再现"指示灯闪烁，系统进入再现模式；再现过程是示教过程的逆过程。再现完成后，S7-200 PLC Q0.3 灭，"再现"指示灯熄灭；再现完成后，为保障系统安全，需对系统重新复位才能进行示教、再现。

如上述操作方式所述，模块化机器人由 6 个关节组成，1 号从站 PEC6000 PLC1 负责关节 1～4 的操作，2 号从站 PEC6000 PLC2 负责关节 5～6 的操作，由 S7-200 负责总控协同。

1.3　任务 3——机器人的发展应用现状与本门课程的技能训练认识

机器人技术是综合了机械、电子、控制、计算机、信息等多学科而形成的高新技术，是当代研究十分活跃、应用日益广泛的领域。机器人应用情况，是一个国家工业自动化水平的重要标志。机器人并不是简单意义上代替人工的劳动，而是综合了人的特长和机器特长的一种拟人的电子机械装置，既有人对环境状态的快速反应和分析判断能力，又有机器可长时间持续工作、精确度高、抗恶劣环境的能力。从某种意义上来说它也是机器的进化过程产物，它是工业以及非产业界的重要生产和服务性设备，也是先进制造技术领域不可缺少的自动化设备。

我国目前处于工业化中后期阶段，未来我国劳动力还面临新生不足和老龄化的两面夹击，并且还存在新生代人口对制造业一线方向从业的意愿低及工资增长率高的问题，人力资源优势渐消失，因此在劳动力增长又受到约束的情况下，根据索洛模型维持经济增长更重要的动力是创新。经济学家将创新、技术与效率提升称为制造业健康发展的全要素。先行工业化国家的发展证明在工业化中后期阶段，全要素对经济增加的贡献是趋势性上升的。中国制造业"大而不强"，经济结构转型中升级是必然的，工业机器人从诞生之来就旨在提高制造业效率、提高产品质量，从而降低整体成本。因此，经济结构转型的"推力"是国内工业机器人市场发展的基础力量。

而在国家层面，"十二五"期间，工业机器人也首次成为发展规划的重点发展对象之一。2014 年习近平总书记在两院院士大会上指出：机器人是"制造业皇冠顶端的明珠"，将创造数万亿美元的大市场。2012 年国家科技部提出《智能制造科技发展专项规划》。工业和信息化部 2013 年年底下发《关于推进工业机器人产业发展的指导意见》。国务院亦在 2015 年提出《中国制造 2025》，并要求围绕汽车、机械、电子、危险品制造、国防军工、化工、轻工等工业机器人、特种机器人，以及医疗健康、家庭服务、教育娱乐等服务机器人应用需求，积极研发新产品，促进机器人标准化、模块化发展，扩大市场应用。

机器人行业应用见表 1-7。

表 1-7　机器人行业应用

行业	具体应用
汽车及其机器零部件	弧焊，点焊，搬运，装配，冲压，喷涂，切割（激光、离子）等
电子、电气	搬运，洁净装配，自动传输，打磨，真空封装，检测，拾取等
化工、纺织	搬运，包装，码垛，称重，切割，检测，上下料等
机械基础件	工件搬运，装配，检测，焊接，铸件去毛刺，研磨，切割（激光、离子），包装，码垛，自动传送等
电力、核电	布线，高压检查，核反应堆检修、拆卸等
食品、饮料	包装，搬运，真空包装
塑料、轮胎	上、下料，去毛边
冶金、钢铁	钢、合金锭搬运，码垛，铸件去毛刺，浇口切削
家电、家具	装配，搬运，打磨，抛光，喷漆，玻璃制品切割、雕刻
海洋勘探	深水勘探，海底维修、建造

机器人系统组成如图 1-22 所示。从机器人的零部件组成来看，工业机器人主要有机械本体、执行驱动、传感检测和控制器四部分组成，是一种仿人操作、自动控制、可重复编程、能在三维空间完成各种作业的机电一体化生产设备，特别适合多品种、变批量的柔性生产。另外，随着"工业 4.0"时代的到来，机器人在应用上不是孤立的，其必须跟其他自动化设备组网在一起。

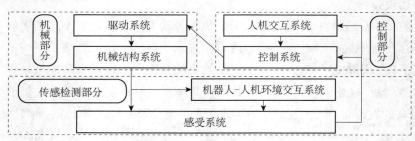

图 1-22　机器人系统组成

因此，本门课程的主要任务是以模块化机器人为载体，让学生理解常见的机器人关节传动系统的机械结构组成，并能够对传动系统进行分析。在此基础上掌握基于 ModBus 工业总线的多主从通信技术，通过该平台由简单到复杂实训项目驱动逐步掌握对步进电机/伺服电机的驱动控制，单轴的复位控制，单轴的复位、示教及再现控制，最终推广到 2 轴和 4 轴的控制，最后实现对 6 轴机器人的复位、示教以及再现的原理级编程。从而使学生不仅掌握普通工业机器人的操作方式，也掌握基于 PTP 机器人控制方式的原理和编程。最后基于这种控制方式，可以比较容易地扩展到目前工业生产线上简单机械手的上下料等的编程控制。

本课程中基于总线的模块化机器人控制与实现的实训单元及项目如图 1-23 所示。

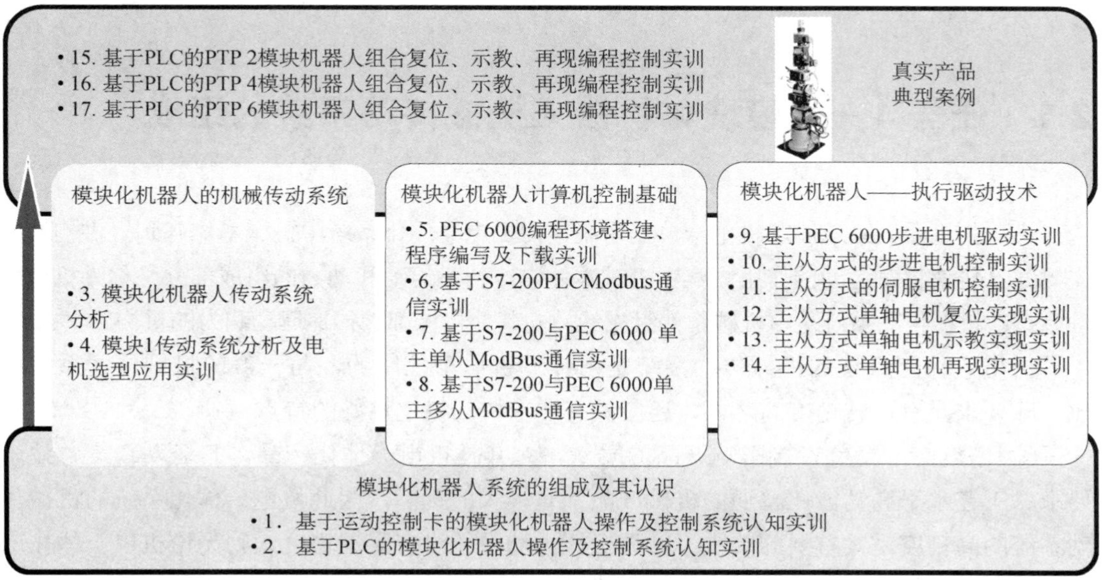

- 15. 基于PLC的PTP 2模块机器人组合复位、示教、再现编程控制实训
- 16. 基于PLC的PTP 4模块机器人组合复位、示教、再现编程控制实训
- 17. 基于PLC的PTP 6模块机器人组合复位、示教、再现编程控制实训

真实产品
典型案例

模块化机器人的机械传动系统
- 3. 模块化机器人传动系统分析
- 4. 模块1传动系统分析及电机选型应用实训

模块化机器人计算机控制基础
- 5. PEC 6000编程环境搭建、程序编写及下载实训
- 6. 基于S7-200PLCModbus通信实训
- 7. 基于S7-200与PEC 6000 单主单从ModBus通信实训
- 8. 基于S7-200与PEC 6000单主多从ModBus通信实训

模块化机器人——执行驱动技术
- 9. 基于PEC 6000步进电机驱动实训
- 10. 主从方式的步进电机控制实训
- 11. 主从方式的伺服电机控制实训
- 12. 主从方式单轴电机复位实现实训
- 13. 主从方式单轴电机示教实现实训
- 14. 主从方式单轴电机再现实现实训

模块化机器人系统的组成及其认识
- 1. 基于运动控制卡的模块化机器人操作及控制系统认知实训
- 2. 基于PLC的模块化机器人操作及控制系统认知实训

通过项目穿针引线，完成各个知识点的学习

图 1-23　基于总线的模块化机器人控制与实现的实训单元及项目

模块 2　模块化机器人的机械传动系统

2.1　任务 1——模块化机器人机械传动系统的组成

模块化机器人系统属于机电一体化系统，而机电一体化系统中机械本体起到提供构造、支撑并且传递相对运动的作用。其中机械本体中，传递运动和动力的组成部分又称为机械传动系统，机械传动系统是由机械零件组成的，向其他机械部件传递运动和力的机构。

机电一体化系统的机械传动系统是由计算机参与控制的，与一般的机械传动系统相比，除要求具有运转精度高之外，还应具有响应快、稳定性好的特点。

① 精度高　精度直接影响产品的质量，尤其是机电一体化产品，其运动精度、技术要求、工艺水平和功能比普通的机械产品都有很大的提高，因此机电一体化系统的机械传动系统的高精度是其首要的要求。如果机械传动系统没有足够精度，则无论机电一体化产品其他系统工作怎样精确，也无法实现其预定的机械操作。

② 响应快　即要求机械传动系统从接收到指令到开始执行指令指定的任务之间的时间间隔应该尽量短，滞后时间非常短，以至于可以忽略不计，这样控制系统才能及时根据机械传动系统的运行状态信息，下达指令，使其准确地完成任务。

③ 稳定性好　即要求机械传动系统的工作性能不受外界环境的影响，抗干扰能力强。

如图 1-1 所示，可拆装模块化机器人由六个基本模块组成，按照机器人模块区分，可分为模块 1~模块 6，模块从 1 到 6 逐节组合。每一模块单独可以控制运行，模块本身末端有旋转运动、回转运动两种形式，六个模块组合之后构成类似工业串联模块机器人形式。模块内部采用了工业上常用到的同步带传动、齿轮传动、蜗轮蜗杆传动、谐波齿轮传动及 RV 减速器传动等主要机械传动形式。每种传动的特征及在模块化机器人的中应用如下。

2.1.1　同步带传动

啮合型带传动一般也称为同步带传动（其实物及相关参数见图 2-1），它通过传动带内表面上等距分布的横向齿和带轮上的相应齿槽的啮合来传递运动（其传动方式见图 2-2）。

同步带传动综合了带传动、链传动和齿轮传动的优点，运动时，带齿与带轮的齿槽相啮合传递运动和动力。同步带传动具有准确的传动比，无滑差，可获得恒定的速比，传动平稳，噪声小，传动比范围大，一般可达 1∶10，允许线速度可达 40m/s，传递功率从几瓦到数百千瓦。传动效率高，一般可达 0.98，结构紧凑，还适宜于多轴转动，无须润滑，无污染，因而可在不允许有污染和工作环境较为恶劣的场合下正常工作，广泛应用于汽车、机器人、车床、仪表仪器等各种类型的机电一体化产品中。

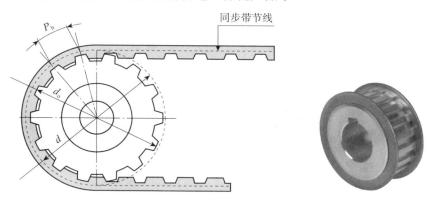

P_b—同步带节距；d—同步轮的节圆直径；d_o—同步轮实际外圆直径

图 2-1　同步带带轮及相关参数

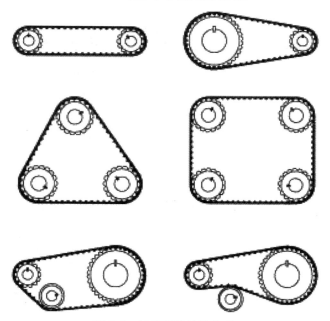

图 2-2　同步带的传动方式

1. 同步带种类

同步带齿有梯形齿和弧齿两类（见图 2-3），弧齿又有三种系列，即圆弧齿（H 系列又称 HTD 带）、平顶圆弧齿（S 系列又称为 STPD 带）和凹顶抛物线齿（R 系列）。

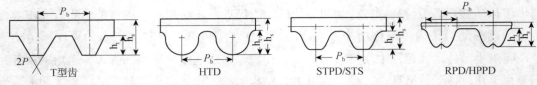

图 2-3　同步带的齿形

（1）梯形齿同步带

梯形齿同步带分单面有齿和双面有齿两种，简称为单面带和双面带。双面带又按齿的排列方式分为对称齿型（代号 DA）和交错齿型（代号 DB），其对应的同步带分别如图 2-4 和图 2-5 所示。

图 2-4　对称齿型梯形齿同步带

图 2-5　交错齿型梯形齿同步带

梯形齿同步带有两种尺寸制：节距制和模数制。我国采用节距制，并根据 ISO 5296 制订了同步带传动相应标准 GB/T 11361～11362—1989 和 GB/T 11616—1989。

（2）弧齿同步带

弧齿同步带除了齿形为曲线形外，其结构与梯形齿同步带基本相同，带的节距相当，其齿高、齿根厚和齿根圆角半径等均比梯形齿大。带齿受载后，应力分布状态较好，平缓了齿根的应力集中，提高了齿的承载能力。故弧齿同步带比梯形齿同步带传递功率大，且能防止啮合过程中齿的干涉。

弧齿同步带耐磨性能好，工作时噪声小，不需润滑，可用于有粉尘的恶劣环境，已在食品、汽车、纺织、制药、印刷、造纸等行业得到广泛应用。

随着人们对齿形应力分布的解析，紧接着人们根据渐开线的展成运动，又开发出了与渐开线相近似的多圆弧齿形，使带齿和带轮能更好地啮合［见图 2-6（c）］，使得同步带传动啮合性能和传动性能得到进一步优化，且传动变得更平稳、精确、噪声更小。

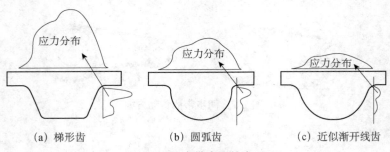

（a）梯形齿　　　　　（b）圆弧齿　　　　　（c）近似渐开线齿

图 2-6　同步带齿形的变迁

2. 同步带的安装及使用

同步带传动是由一条内周表面设有等间距齿的环形皮带和具有相应齿的带轮所组成，同步带是以钢丝绳或玻璃纤维为强力层，外覆以聚氨酯或氯丁橡胶的环形带，带的内周制成齿状，使其与齿形带轮啮合。运行时，带齿与带轮的齿槽相啮合传递运动和动力，它是综合了皮带传动、链传动、齿轮传动各自优点的新型带传动。

同步带和同步轮安装及使用注意事项：

① 安装同步带时，如果两带轮的中心距可以移动，必须先将带轮的中心距缩短，装好同步带后，再使中心距复位。若有张紧轮时，先把张紧轮放松，然后装上同步带，再装上张紧轮。

② 往带轮上装同步带时，切记不要用力过猛，或用螺丝刀硬撬同步带，以防止同步带中的抗拉层产生外观觉察不到的折断现象。设计带轮时，最好选用两轴能互相移近的结构，若结构上不允许时，则最好把同步带与带轮一起装到相应的轴上。

③ 必须按不同的规格型号和带宽，适当调整初张紧力。

④ 同步带传动中，两带轮轴线的平行度要求比较高，主动轮与被动轮的主轴平行度应控制在正切 $\tan\theta=1/1000$ 左右。否则同步带在工作时会产生跑偏，甚至跳出带轮。轴线不平行还将引起压力不均匀，使带齿早期磨损。

⑤ 支撑带轮的机架，必须有足够的刚度，否则带轮在运转时就会造成两轴线的不平行。

3. 同步带的损坏形式

① 张紧力不够。若张紧力不够，那么摩擦力也会不够，随之即会发生打滑的情况，让同步带的磨损增大，让其丢失传送载荷的能力，传动失稳让带传动失去功效。可以通过安装张紧轮的方式来增加张紧力，但是张紧轮一定要安装在同步带传动时松边一侧。

② 张紧力太大。同步带所承受的张力太大，形变较严重，其会让同步带的使用年限减低。

③ 同步带上留有杂物。若同步带上留有油脂等脏物，因为脏物里包含了化学物质，其进入同步带后，破坏了同步带的材料结构构成。

④ 同步带轮没有对正。若同步带轮没被对正会致使同步带出现打滑、扭曲及内部出现发热磨损的情况，因此同步带轮一定要对正。

⑤ 同步带长度不相等。若一排皮带的长度不相等，每一同步带所承受的张紧力的大小也会不一样，有些就会产生打滑或者是张力太大的情况，让同步带发生磨损。因此，在运用的时候一定要选用型号相同的同步带。

⑥ 若同步带长时间没有运作，就需将其松开，否则就会减低同步带的使用年限，让同步带发生形变。

⑦ 若同步带放置的时间太长了，其会让橡胶出现老化进而减低寿命。

⑧ 若运用现场的环境存在尘土、酸碱气或别的一些会伤害同步带的气体，其同样会

让同步带的使用年限减短。

⑨ 振动幅度太大。若由于机器振动而让同步带快速的抽动，也会降低其使用年限。

⑩ 启动过载。同步带于过载的状况下运行，会产生太大的张紧力，导致同步带由于滑动而发生破损。

⑪ 同步带轮的轮槽被磨损。同步带轮运行的时间太长，槽边的磨损增强，角度不正确，同步带即会碰到槽的底端，为带动机器，且一定要去加大张紧力，致使三角带破损。

4. 同步带在模块化机器人中的应用

同步带在模块化机器人中应用见图 2-7。

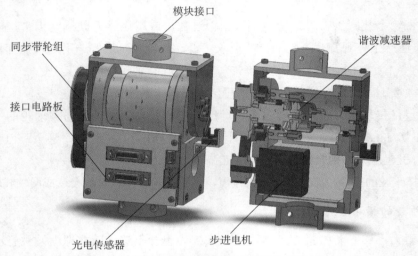

图 2-7　同步带在模块化机器人模块 3 中的应用

2.1.2　蜗轮蜗杆传动

蜗轮蜗杆机构常用来传递两交错轴之间的运动和动力。蜗轮与蜗杆在其中间平面内相当于齿轮与齿条，蜗杆又与螺杆形状相似。在蜗杆上只有一条螺旋线，即在其端面上只有一个轮齿时，则称其为单头蜗杆。而有双条螺旋线者称为双头蜗杆，依此类推。蜗杆螺纹的头数即蜗杆的齿数 z_1，通常有 $z_1=1\sim4$。一般多采用单头蜗杆传动，即 $z_1=1$。

蜗轮蜗杆传动示意图如图 2-8 所示。

图 2-8　蜗轮蜗杆传动示意图

1. 正确啮合的条件

① 蜗轮的端面模数等于蜗杆的轴面模数且为标准值，蜗轮的端面压力角应等于蜗杆的轴面压力角且为标准值，即 $m_{(杆)}=m_{(轮)}$，$\alpha_{(杆)}=\alpha_{(轮)}$。蜗轮蜗杆的参数示意图如图 2-9 所示。

② 当蜗轮蜗杆的交错角为 90°时，还须保证蜗轮与蜗杆螺旋线旋向必须相同。

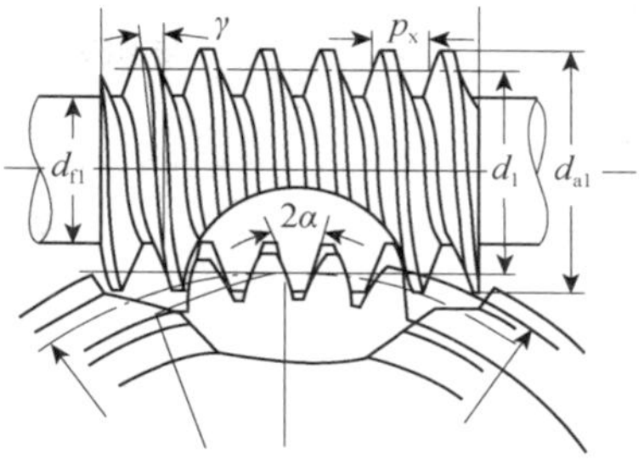

图 2-9　蜗轮蜗杆的参数示意图

2. 机构的特点

① 可以得到很大的传动比，比交错轴斜齿轮机构紧凑，由于蜗杆的齿数 z_1 很小，而涡轮的齿数 z_2 却可以很大，因而其传动比 i_{12} 便可以很大，一般 $i_{12}=10\sim100$。

$$i_{12}=\frac{\omega_1}{\omega_2}=\frac{z_2}{z_1} \tag{2-1}$$

② 两轮啮合齿面间为线接触，其承载能力大大高于交错轴斜齿轮机构。

③ 蜗杆传动相当于螺旋传动，为多齿啮合传动，故传动平稳、噪声很小。

④ 具有自锁性。机构具有自锁性，可实现反向自锁，即只能由蜗杆带动蜗轮，而不能由蜗轮带动蜗杆。如在起重机械中使用的自锁蜗杆机构，其反向自锁性可起安全保护作用。

⑤ 传动效率较低，磨损较严重。蜗轮蜗杆啮合传动时，啮合轮齿间的相对滑动速度大，故摩擦损耗大、效率低。另外，相对滑动速度大使齿面磨损严重、发热严重，为了散热和减小磨损，常采用价格较为昂贵的减摩性与抗磨性较好的材料及良好的润滑装置，因而成本较高。

⑥ 蜗杆轴向力较大。

3. 蜗轮蜗杆机构在模块化机器人中的应用

蜗轮蜗杆机构在模块化机器人中的应用如图 2-10 所示。

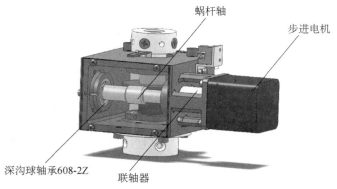

图 2-10　蜗轮蜗杆机构在模块化机器人模块 4 中的应用

2.1.3 齿轮传动

1. 齿轮传动的类型和基本要求

齿轮传动是机械传动中最重要的传动之一，它历史悠久、应用范围十分广泛，型式也多样，广泛用于传递任意两轴或多轴间的运动和动力。传递功率从很小到很大（可高达数万千瓦）。

按照一对齿轮轴线的相互位置，齿轮传动的分类见表 2-1。

表 2-1　齿轮传动的分类

1.平面齿轮运动 相对运动为平面运动，两齿轮轴线平行，传递平行轴间的运动	直齿圆柱齿轮传动 （轮齿与轴平行）	（1）外啮合
		（2）内啮合
		（3）齿轮齿条
	斜齿圆柱齿轮传动 （轮齿与轴不平行）	（4）外啮合
		（5）内啮合
		（6）齿轮齿条
	人字齿轮传动（轮齿成人字形）	
2.空间齿轮运动 相对运动为空间运动，两齿轮轴线不平行，传递不平行轴间的运动	传递相交轴运动 （锥齿轮传动）	（1）直齿
		（2）斜齿
		（3）曲线齿
	传递交错轴运动	（4）交错轴斜齿轮传动
		（5）蜗轮蜗杆传动
		（6）准双曲面齿轮传动

齿轮常用于传递运动和动力，故对其有两个基本要求：

① 传动平稳　要保证瞬时传动比恒定，即要求齿轮在传动过程中得瞬时角速度比（ω_1 / ω_2）恒定不变，以尽可能减小齿轮啮合中的冲击、振动和噪声。这与齿轮的齿廓形状和制造、按装精度等因素相关。

② 足够的承载能力　就是要在尺寸、质量较小的前提下，保证正常使用所需的强度、耐磨性等方面的要求。保证在预定的使用期限内不发生失效。这与齿轮的尺寸、材料和热处理工艺等因素有关。

2. 齿轮传动的基本定律和特点

对齿轮传动的基本要求之一，就是要求在轮齿啮合过程中瞬时传动比 i ＝主动轮角速度 / 从动轮角速度＝ω_1/ω_2＝常数，这个要求靠齿廓来保证。否则当主动轮以等角速度 ω_1 转动时，从动轮的角速度 ω_2 为变量，这样将会出现从动轮转动忽快忽慢，从而形成冲击，引起机器的振动并产生噪声，从而不仅影响机器的寿命也影响工作精度。因此根据这一要求有如下的传动比公式成立。

$$i_{12} = \frac{\omega_1}{\omega_2} = \frac{r_{b2}}{r_{b1}} = \frac{d_2}{d_1} = \frac{z_2}{z_1} \tag{2-2}$$

式中，ω_1 为主动轮角速度，ω_2 从动轮角速度；

r_{b1} 为主动轮基圆半径，r_{b2} 为从动轮基圆半径；

d_1 为主动轮分度圆半径，d_2 为从动轮分度圆半径；

z_1 为主动轮齿数，d_2 为从动轮齿数。

同时为了保证齿轮在机械传动中稳定性，避免反向行程，减少撞击和噪声，要求两啮合齿轮的啮合齿侧间隙等于零，此时两齿轮间的中心距称为标准中心距，这种安装方法也成为标准安装。

由于

$$d_1 = m\,z_1, \quad d_2 = m\,z_2$$

式中，m 为模数。

则

$$a = \frac{d_1 + d_2}{2} = \frac{m}{2}(z_1 + z_2) \tag{2-3}$$

齿轮传动的主要特点：

● 传动效率高：可达 99%，在常用的机械传动中，齿轮传动的效率为最高。

● 结构紧凑：与带传动、链传动相比，在同样的使用条件下，齿轮传动所需的空间一般较小，工作可靠、寿命长。

● 传动比稳定：这也是齿轮传动获得广泛应用的原因之一。

● 与带传动、链传动相比，齿轮的制造及安装精度要求高，价格较贵。

3. 齿轮传动机构在模块化机器人中的应用

齿轮传动机构在模块化机器人中的应用如图 2-11 所示。

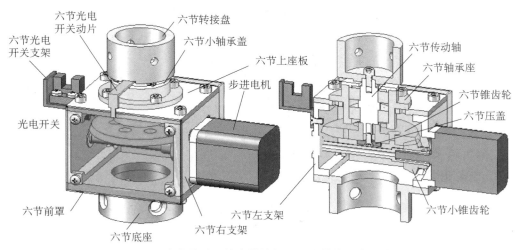

图 2-11　齿轮传动机构在模块化机器人模块 6 中的应用

2.1.4 谐波齿轮传动

谐波齿轮传动具有结构简单、传动比大（几十至几百）、传动精度高、回程误差小、噪声小、传动平稳、承载能力强、效率高等优点，故在工业机器人、航空、火箭等机电一体化系统中日益得到广泛的应用。

1. 谐波齿轮传动的过程

谐波齿轮传动由三个基本构件组成。

① 谐波发生器（简称波发生器）——由凸轮（通常为椭圆形）及薄壁轴承组成，随着凸轮转动，薄壁轴承的外环做椭圆形变形运动（弹性范围内）。

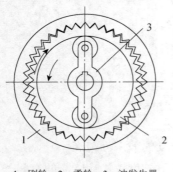

② 刚轮——刚性的内齿轮。

③ 柔轮——是薄壳形元件，具有弹性的外齿轮。

以上三个构件可以任意固定一个，成为减速传动及增速传动，作为减速器使用时，通常采用波发生器主动、钢轮固定、柔轮输出的方式；或者波发生器、刚轮主动，柔轮从动，成为差动机构（即转动的代数合成）。当波发生器为主动时，刚轮在柔轮内转动，使长轴附近柔轮及薄壁轴承发生变形（可控的弹性变形），这时柔轮的齿就在变形的过程中进入（啮合）或退出（啮出）刚轮的齿间，在波发生器的长轴处于完全啮合，而短轴方向的齿就处于完全的脱开状态，如图 2-12 所示。

1—刚轮；2—柔轮；3—波发生器

图 2-12 谐波齿轮啮合原理

2. 谐波齿轮传动的传动比计算

由于在谐波齿轮传动过程中，柔轮与刚轮的啮合过程与行星齿轮传动类似，故其传动比可按周转轮系的计算方法求得。与行星齿轮轮系传动比的计算相似，钢轮相当于行星轮系中的中心轮，柔轮相当于行星齿轮，波发生器相当于系杆。由于

$$i_{rg}^{H} = \frac{\omega_r - \omega_H}{\omega_g - \omega_H} = \frac{z_g}{z_r} \tag{2-4}$$

式中，i_{rg}^{H} 为柔轮和刚轮相对于波发生器的传动比；

ω_g、ω_r、ω_H 分别为刚轮、柔轮和波发生器的角速度；

z_g、z_r 分别为刚轮和柔轮的齿数。

① 当柔轮固定时，$\omega_r = 0$，则

$$i_{rg}^{H} = \frac{0 - \omega_H}{\omega_g - \omega_H} = \frac{z_g}{z_r}, \quad \frac{\omega_g}{\omega_H} = 1 - \frac{z_r}{z_g} = \frac{z_g - z_r}{z_g}$$

$$i_{Hg} = \frac{\omega_H}{\omega_g} = \frac{z_g}{z_g - z_r} \tag{2-5}$$

式中，i_{Hg} 为波发生器相对于刚轮的传动比。设 $z_r = 200$，$z_g = 202$ 时，则 $i_{Hg} = 101$。结果为正值，说明刚轮与波形发生器转向相同。

② 当刚轮固定时，$\omega_g = 0$，则

$$i_{rg}^H = \frac{\omega_r - \omega_H}{0 - \omega_H} = \frac{z_g}{z_r}，\quad \frac{\omega_r}{\omega_H} = 1 - \frac{z_g}{z_r} = \frac{z_r - z_g}{z_r}$$

$$i_{Hr} = \frac{\omega_H}{\omega_r} = \frac{z_r}{z_r - z_g} \tag{2-6}$$

式中，i_{Hr} 为波发生器相对于柔轮的传动比。设 $z_r = 200$，$z_g = 202$ 时，则 $i_{Hr} = -100$。结果为负值，说明柔轮与波形发生器转向相反。

3. 谐波减速器的特点

① 结构简单，体积小，质量轻。谐波齿轮传动的主要构件只有三个，即波发生器、柔轮、刚轮（见图 2-13 和图 2-14）。它与传动比相当的普通减速器比较，其零件减少 50%，体积和重量均减少 1/3 左右或更多。

② 传动比范围大。单级谐波减速器传动比可在 50～300 之间，优选在 75～250 之间；双级谐波减速器传动比可在 3000～60000 之间；复波谐波减速器传动比可在 200～140000 之间。

③ 同时啮合的齿数多。双波谐波减速器同时啮合的齿数可达 30%，甚至更多些。而在普通齿轮传动中，同时啮合的齿数只有 2%～7%，对于直齿圆柱渐开线齿轮同时啮合的齿数只有 1～2 对。正是由于同时啮合齿数多这一独特的优点，使谐波传动的精度高，齿的承载能力大，进而实现大速比、小体积。

④ 承载能力大。谐波齿轮传动同时啮合齿数多，即承受载荷的齿数多，在材料和速比相同的情况下，受载能力要大大超过其他传动。其传递的功率范围可为几瓦至几十千瓦。

⑤ 运动精度高。由于多齿啮合，一般情况下，谐波齿轮与相同精度的普通齿轮相比，其运动精度能提高四倍左右。

⑥ 运动平稳，无冲击，噪声小。齿的啮入、啮出是随着柔轮的变形，逐渐进入和逐渐退出刚轮齿间的，啮合过程中齿面接触，滑移速度小，且无突然变化。

⑦ 齿侧间隙可以调整。谐波齿轮传动在啮合中，柔轮和刚轮齿之间主要取决于波发生器外形的最大尺寸，及两齿轮的齿形尺寸，因此可以使传动的回差很小，某些情况甚至可以是零侧间隙。

⑧ 传动效率高。与相同速比的其他传动相比，谐波传动由于运动部件数量少，而且啮合齿面的速度很低，因此效率很高，随速比的不同（$u = 60～250$），效率在 65%～96%

之间（谐波复波传动效率较低），齿面的磨损很小。

⑨ 同轴性好。谐波齿轮减速器的高速轴、低速轴位于同一轴线上。

⑩ 可实现向密闭空间传递运动及动力。采用密封柔轮谐波传动减速装置，可以驱动工作在高真空、有腐蚀性及其他有害介质空间的机构，谐波传动这一独特优点是其他传动机构难于实现的。

⑪ 可实现高增速运动。由于谐波齿轮传动的效率高及机构本身的特点，加之体积小、质量轻的优点，因此是理想的高增速装置。对于手摇发电机、风力发电机等需要高增速的设备有广阔的应用前景。

⑫ 方便地实现差速传动。由于谐波齿轮传动的三个基本构件中，可以任意两个主动，第三个从动，那么如果让波发生器、刚轮主动，柔轮从动，就可以构成一个差动传动机构，从而方便地实现快慢速工作状况。这一点对许多机床的走刀机构很有实用价值，经适当设计，可以大大改变机床走刀部分的结构性能。基于以上结构特点，所以在目前工业中经常使用。

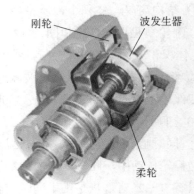

图 2-13　谐波减速器三大构件　　　　图 2-14　谐波减速器结构

4. XB1 系列谐波减速器的主要技术指标

XBI 系列是谐波传动减速器中是最常见、也是使用最广泛的一类，其主要结构特点是采用杯状柔轮，刚轮比柔轮多两个齿。XB1 系列产品主要技术指标如下。

（1）传动效率

谐波传动减速器的传动效率是输出功率与输入功率之比，或有用功与总功之比。

油润滑时效率如图 2-15 所示，脂润滑时效率降低 5%～10%。

（2）空回（运动损失）

所谓空回是在空载情况下，改变输入轴转向时，输出轴转角的滞后量。

空回的允许值：

① 普通精度为 6′ 以内。

② 精密级为 3′ 以内。

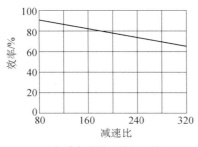
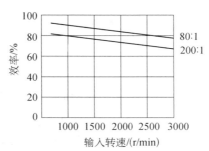

（a）在额定输出转矩、输入
转速为1500r/min时的效率

（b）减速比为80和200时，在额定输出
转矩下，不同输入转速时的效率

图 2-15　谐波传动减速器油润滑时效率曲线

③ 高精度级为 1′ 以内。（即 R 系列空回值）

（3）传动误差

所谓传动误差是当输入轴单向旋转时，输出轴的实际转角与理论转角之差。

传动误差的允许值：

① 普通精度为 6′ 以内。

② 精密级为 3′ 以内。

③ 高精度级为 1′ 以内。（即 R 系列传动误差值）。

（4）静态空载启动力矩。

XB1 系列静态空载启动力矩见表 2-2。

表 2-2　XB1 系列静态空载启动力矩

序号	机型	空载静态启动力矩（0.01N·cm）
1	XB1—25	30～80
2	XB1—32	45～160
3	XB1—40	60～120
4	XB1—50	80～300
5	XB1—60	120～500
6	XB1—80	200～800
7	XB1—100	400～1250
8	XB1—120	650～1800

（5）超载能力

允许在启动、停止时瞬间超载 1 倍，工作时允许瞬间超载不大于 1.5 倍。

（6）扭转刚度

所谓扭转刚度是当输入轴固定时，输出轴上负载转矩增量与相应转角增量之比值，其不能超过某个设计值。

2.1.5　行星齿轮传动

1. 行星齿轮传动机构的特点

一般所熟知的齿轮绝大部分都是转动轴线固定的齿轮。例如机械式钟表,上面所有的齿轮尽管都在做转动,但是它们的转动中心(与圆心位置重合)往往通过轴承安装在机壳上,因此,它们的转动轴都是相对机壳固定的,因而也被称为"定轴齿轮"。

而行星齿轮传动,又称为周转轮系传动,一个或一个以上齿轮的轴线绕另一齿轮的固定轴线回转的齿轮传动。 行星齿轮结构示意图如图 2-16 所示,行星齿轮除了能像定轴齿轮那样围绕着自己的转动轴转动之外,它们的转动轴还随着深色的支架(称为行星架)绕太阳轮的轴线转动。绕自己轴线的转动称为"自转",绕其他齿轮轴线的转动称为"公转",就像太阳系中的行星那样,因此得名。

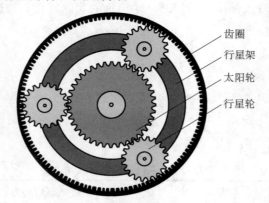

齿圈
行星架
太阳轮
行星轮

图 2-16　行星齿轮结构示意图

在包含行星齿轮的齿轮系统中,情形就不同了。由于存在行星架,也就是说,可以有三条转动轴允许动力输入/输出,还可以用离合器或制动器之类的手段,在需要的时候限制其中一条轴的转动,剩下两条轴进行传动,这样一来,互相啮合的齿轮之间的关系就可以有多种组合。

(1)齿圈固定,太阳轮主动,行星架被动

从图 2-17 中可以看出,此种组合相当于太阳轮带动直径相当于行星架的大齿轮内啮合传动,因此为降速传动,通常传动比一般为 2.5～5,转向相同。

(2)齿圈固定,行星架主动,太阳轮被动

与图 2-17 所示情况相反的传动方式,由图 2-18 可以看出,此种组合为升速传动,传动比一般为 0.2～0.4,转向相同。

(3)太阳轮固定,齿圈主动,行星架被动

从图 2-19 中可以看出此种组合相当于齿圈这种大齿轮和行星架这种小齿轮内啮合传动,因此为降速传动,传动比一般为 1.25～1.67,转向相同。

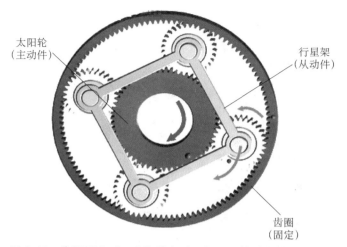

图 2-17 齿圈固定时，太阳轮主动、行星架被动的转动示意图

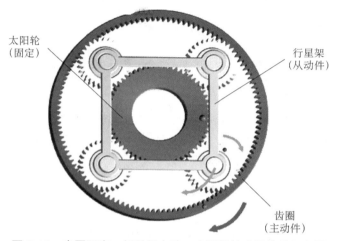

图 2-18 齿圈固定、行星架主动、太阳轮被动的转动示意图

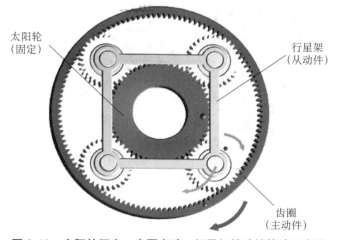

图 2-19 太阳轮固定、齿圈主动、行星架被动的转动示意图

（4）太阳轮固定，行星架主动，齿圈被动

从图 2-20 中可以看出，此种组合与图 2-19 所示情况相反，因此为升速传动，传动比一般为 0.6～0.8，转向相同。

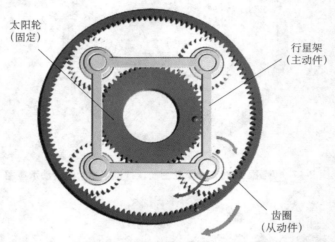

图 2-20　太阳轮固定、行星架主动、齿圈被动的转动示意图

（5）行星架固定，太阳轮主动，齿圈被动

从图 2-21 中可以看出此种组合相当于齿圈的大齿轮和太阳轮啮合传动，由于齿圈为大齿轮，太阳轮为小齿轮，太阳轮为主动轮，齿圈为输出，因此为降速传动，传动比一般为 1.5～4，转向相反。

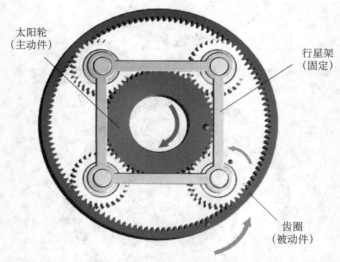

图 2-21　行星架固定、太阳轮主动、齿圈被动的转动示意图

（6）行星架固定，齿圈主动，太阳轮被动

从图 2-22 可以看出此种组合相当于齿圈的大齿轮和太阳轮啮合传动，由于齿圈为大齿轮，太阳轮为小齿轮，齿圈为主动轮，太阳轮为输出，因此为升速传动，传动比一般为

0.25～0.67，转向相反。

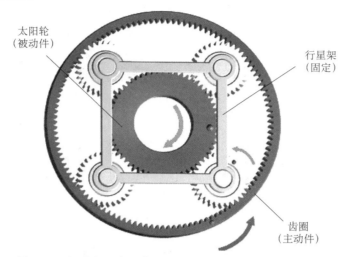

图 2-22　行星架固定、齿圈主动、太阳轮被动的转动示意图

　　行星齿轮（其实物图和剖面图分别见图 2-23 和图 2-24）传动的各行星轮均匀地分布在中心轮的四周。这样既可使几个行星轮共同来承担载荷，以减少齿轮尺寸。因此行星齿轮传动的特点是体积小，承载能力大，工作平稳。但大功率高速行星齿轮传动结构较复杂，要求制造精度高。行星齿轮传动中有些类型效率高，但传动比不大；另一些类型则传动比可以很大，但效率较低。用它们作减速器时，其效率随传动比的增大而减小；作增速器时则有可能产生自锁。

图 2-23　行星齿轮实物图

图 2-24　行星齿轮剖面图

2. 行星齿轮传动机构在模块化机器人中的应用

　　行星齿轮传动机构在模块化机器人中的应用见图 2-25。

2.1.6　支撑部件

1. 轴系的支撑部件

　　轴系由轴及安装在轴上的齿轮、带轮等传动部件组成，有主轴轴系和中间传动轴轴

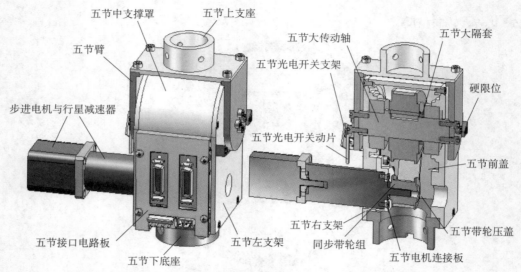

图 2-25　行星齿轮传动机构在模块化机器人模块 5 中的应用

系。轴系的主要作用是传递扭矩及传动精确的回转运动，它直接承受外力（力矩）。对于中间传动轴轴系一般要求不高。而对于完成主要作用的主轴轴系的旋转精度、刚度、热变形及抗振性等的要求较高。通常在设计轴系时有如下技术要求：

① 旋转精度　旋转精度是指在装配之后，在无负载、低速旋转的条件下，轴前端的径向跳动和轴向窜动量。其大小取决于轴系各组成零件及支撑部件的制造精度与装配调整精度。如高精密金刚石车刀切削加工机床主轴的轴端径向跳动量为 0.025μm 时，才能达到零件加工表面粗糙度 $R_a<0.05$μm 的要求。在工作转速下，其旋转精度（即它的运动精度）取决于其转速、轴承性能以及轴系的动平衡状态。

② 刚度　轴系的刚度反映了轴系组件抵抗静、动载荷变形的能力。载荷为弯矩、转矩时，相应的变形量为挠度、扭转角，其刚度为抗弯刚度和抗扭刚度。轴系受载荷为径向力（如带轮、齿轮上承受的径向力）时会产生弯曲变形。所以除强度验算之外，还必须进行刚度验算。

③ 抗振性　轴系的振动表现为强迫振动和自激振动两种形式。其振动原因有轴系配件质量不匀引起的动不平衡、轴的刚度及单向受力等，它们直接影响旋转精度和轴系寿命。对高速运动的轴系必须以提高其静刚度、动刚度，增大轴系阻尼比等措施来提高轴系的动态性能，特别是抗振性。

④ 热变形　轴系的受热会使轴伸长或使轴系零件间隙发生变化，影响整个传动系统的传动精度、旋转精度及位置精度。又由于温度的上升会使润滑油的黏度发生变化，使滑动或滚动轴承的承载能力降低。因此应采取措施将轴系部件的温升限制在一定范围之内。

⑤ 轴上零件的布置　轴上传动件的布置是否合理对轴的受力变形、热变形及振动影响较大。因此在通过带轮将运动传入轴系尾部时，应该采用卸荷式结构，使带的拉力不直接作用在轴端；另外传动齿轮应尽可能安置在靠近支撑处，以减少轴的弯曲和扭转变形。

如主轴上装有两对齿轮，均应尽量靠近前支撑，并使传递扭矩大的齿轮副更靠近前支撑，使主轴受扭转部分的长度尽可能缩短。在传动齿轮的空间布置上，也应尽量避免弯曲变形的重叠。

2. 轴系用轴承的类型与选择

轴系组件所用的轴承有滚动轴承和滑动轴承两大类。随着机床精度要求的提高和变速范围的扩大，简单的滑动轴承难以满足要求，滚动轴承的应用越来越广。滚动轴承不断发展，不仅在性能上基本满足使用要求，而且它由专业工厂大量生产，因此质量容易控制。但滑动轴承所具有的工作平稳和抗振性好的特点，是滚动轴承所难以代替的。所以出现了各种多楔动压轴承及静压轴承，使滑动轴承的应用范围在不断扩大，尤其在一些精密机械设备上，各种新式的滑动轴承得到了广泛应用。下面重点对滚动轴承进行介绍。

滚动轴承是广泛应用的机械支撑。滚动轴承主要由滚动体支撑轴上的负荷，并与机座做相对旋转、摆动等运动，以求在较小的摩擦力矩下，达到传递功率的目的。滚动轴承的基本结构如图 2-26 所示，由外圈、内圈、滚动体和保持架组成。保持架将滚动体均匀隔开，以减少滚动体间的摩擦和磨损。通常内圈固定在轴颈上，外圈装在轴承座内。常见的运动方式为：内圈随轴颈转动，外圈固定；也有外圈转动而内圈不动或是内、外圈均转动的运动形式。

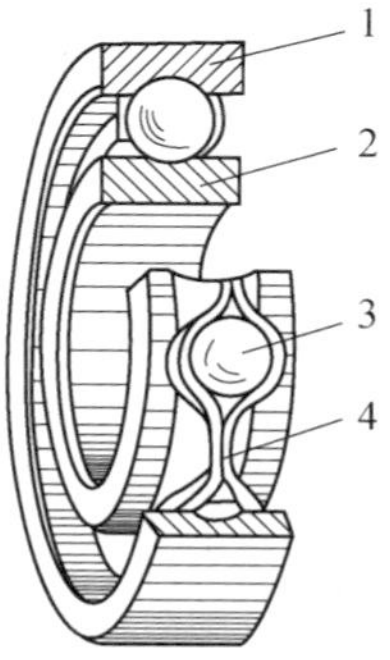

滚动体总是在内、外圈的短道中滚动。常见的滚动体形状如图 2-20 所示。

1—外圈；2—内圈；3—滚动体；4—保持架

图 2-26　滚动轴承

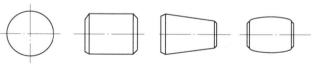

图 2-27　滚动体

近年来随着新材料、制造工艺、润滑及结构设计等诸方面的研究，已大大提高滚动轴承的性能，所以，在各个领域中，滚动轴承得到了广泛使用。随着工业的发展，对滚动轴承的性能、寿命和可靠性提出了更高的要求。所以，目前在世界范围内正广泛开展着以滚动轴承为主要对象的研究工作，在结构设计、计算理论、试验方法、制造技术、装配技术、材料科学、润滑研究及应用选型设计等方面取得重要进展，使滚动轴承的性能、寿命和可靠性已有大幅度的提高。

滚动轴承优良的性能、寿命和可靠性，不仅仅取决于轴承的设计和制造，而且还取决于应用设计。只有对滚动轴承及其系统的应用进行系统设计，考虑影响滚动轴承可靠性和寿命的各种因素，才能够确保滚动轴承性能的发挥和寿命的提高。可以说，离开了滚动轴承系统的合理选型设计和应用就无法考虑轴承的使用寿命。

滚动轴承有许多种类，尽管 ISO、GB 标准中已经标准化，但其尺寸范围仍然很宽，因此给我们选择合适的轴承带来了困难。在设计轴系选择轴承时，我们应该考虑以下几点：

① 满足使用性能要求，包括承载能力、旋转精度、刚度及转速等；

② 满足安装空间要求；

③ 维护保养方便；

④ 使用环境，如温度、环境气氛对轴承的影响；

⑤ 性价比。

2.2　任务 2——常见伺服系统的机械传动特性的认识

伺服系统是指以机械运动量作为控制对象的自动控制系统，又称为随动系统。伺服系统中所采用的机械传动装置，简称为伺服机械传动系统。它是伺服系统的一个组成环节。它广泛应用于数控机床、计算机外部设备、工业机器人等机电一体化系统中。

传动系统是指把动力机产生的机械能传送到执行机构上去的中间装置。也就是说伺服机械传动系统是整个伺服系统的一个组成环节，其作用是传递扭矩、转速和进行运动变换，使伺服电机和负载之间转矩与转速得到匹配。往往是将伺服电动机输出轴的高转速、低转矩转换成为负载轴所要求的低转速、高转矩或将回转运动变换成直线运动。传动系统的任务，根据具体情况不同可以有不同的项目：把动力机输出的速度降低或增高，以适合执行机构的要求；用动力机调速不方便或不经济时，采用变速传动来满足执行机构变速的要求；把动力机输出的转矩，变换为执行机构所需要的转矩或力；把动力机输出的等速旋转运动，转变为执行机构所要求的、其速度按某种规律变化的运动（移动或平面运动）；实现由一个或多个动力机驱动若干个相同或不相同速度的执行机构；由于受机体外形、尺寸的限制，执行机构不宜与动力机直接联接时，也需要用传动装置来连接。

伺服机械传动系统大功率传动装置，既要考虑强度、刚度，也要考虑精度、惯量、摩擦、阻尼等因素；小功率传动装置，则主要是考虑精度、惯量、摩擦、刚度、阻尼等因素。

2.2.1　转动惯量

如图 2-28 所示，对于平面运动的物体，假设在没有摩擦力的情况下，其要实现从静止到运动，根据牛顿运动定律，则有 $F=am$ 成立。其中 m 为质量，a 为加速度。也就是说，当外力一定时，从静止到运动，其质量越大，其加速度就越小，则其状态就越不容易改变。因此对于平动的物体，其质量就是代表其惯性的大小。而对于理想的转动物体而言，由于施加的转动的外力为力矩 T，转动的加速度为角加速度 ε，其需要克服的惯性度量称为转动惯量。和 $F=am$ 相对应，即有 $T=\varepsilon J$ 成立。

图 2-28　物体的移动和转动

转动惯量是物体转动时惯性的度量，转动惯量越大，物件的转动状态就越不容易改变（变速）。利用能量守恒定理可以实现各种运动形式的物体转动惯量的转换，将传动系统的各个运动部件的转动惯量折算到特定轴（一般是伺服电机轴）上，然后将这些折算转动惯量（包括特定轴自身的转动惯量）求和，获得整个传动系统对特定轴的等效转动惯量。

传动系统折算到电机轴上的转动惯量大所产生的影响有：使电机的机械负载增大；使机械传动系统的响应变慢；使系统的阻尼比减少，从而使系统的振荡增强，稳定性下降；使机械传动系统的固有频率下降，容易产生谐振，因而限制了伺服带宽，影响了伺服精度和响应速度。但惯量的适当增大对改善低速爬行是有利的。

由于在进行伺服系统设计时离不开转动惯量的计算和折算到特定轴上等效转动惯量的计算，下面就给出这方面的常用公式，以便于分析计算。

（1）圆柱体转动惯量

$$J = \frac{1}{2}mR^2 \quad (\text{kg} \cdot \text{m}^2) \tag{2-7}$$

式中，m——圆柱体质量，单位 kg。

R——圆柱体半径，单位 m。长为 L 的圆柱体的质量为 $m = \pi L R^2 \gamma$。

γ——密度，钢材的密度 $\gamma = 7.8 \times 10^3$（kg/m³）。

齿轮、联轴器、丝杠和轴等接近于圆柱体的零件都可用上式计算（或估算）其转动惯量。

（2）薄壁圆筒绕中心轴转动惯量

$$J = mR^2 \quad (\text{kg} \cdot \text{m}^2) \tag{2-8}$$

式中，m——薄壁圆筒质量，单位 kg；

R——薄壁圆筒半径，单位 m。

谐波齿轮的柔轮绕波发生器轴转动，可以用上式薄壁圆筒绕中心轴转动惯量计算（或估算）其转动惯量（见图 2-29），质量为 M 的负载通过螺栓和谐波减速器的柔轮（薄壁圆筒）连接在一起，并绕波发生器 $O\text{-}O$ 轴转动，波发生器的半径为 R。

$$J = (m+M)R^2 \quad (\text{kg} \cdot \text{m}^2) \tag{2-9}$$

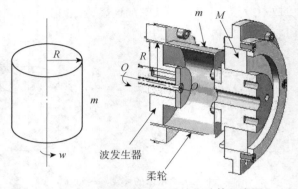

图 2-29 谐波齿轮转动惯量简化计算示意图

（3）丝杠轴折算到电机轴的转动惯量

电动机传动到丝杠轴的传动示意图如图 2-30 所示，其转动惯量（后轴折算到前轴）计算公式如下：

$$J = \frac{J_S}{i^2} \quad (\text{kg} \cdot \text{m}^2) \tag{2-10}$$

式中，i——电机轴到丝杠轴的总传动比；

$\qquad J_S$——丝杠的转动惯量。

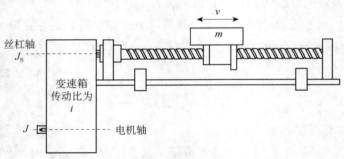

图 2-30 电机轴传动到丝杠轴的传动示意图

（4）直线移动工作台折算到丝杠上的转动惯量

如图 2-31 所示，导程为 L 的丝杠驱动质量为 m（含工件质量）的工作台往复移动，其传动比为

$$i = \frac{2\pi}{L} \tag{2-11}$$

根据后轴折算到前轴的原则，则将质量为 m 的工作台折算到丝杠上的转动惯量为

$$J = \frac{m}{i^2} = m \cdot \left(\frac{L}{2\pi}\right)^2 \quad (\text{kg} \cdot \text{m}^2) \tag{2-12}$$

式中，L——丝杠导程，单位 m；

m——工作台及工件的质量，单位 kg。

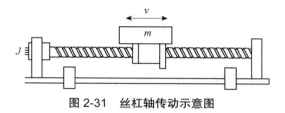

图 2-31　丝杠轴传动示意图

（5）丝杠传动时，传动系统折算到电机轴上的总转动惯量

如图 2-32 所示，总转动惯量为

$$J = J_1 + \frac{1}{i^2}\left[(J_2 + J_S) + m\left(\frac{L}{2\pi}\right)^2\right]　（\text{kg} \cdot \text{m}^2）\tag{2-13}$$

式中，J_1——小齿轴及电机轴的转动惯量；

$\quad\quad J_2$——大齿轮的转动惯量；

$\quad\quad J_S$——丝杠的转动惯量；

$\quad\quad L$——丝杠的螺距；

$\quad\quad m$——工作台及工件质量。

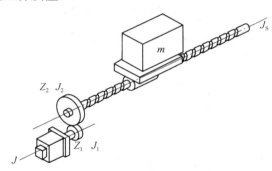

图 2-32　带 1 级减速的丝杠轴传动示意图

（6）齿轮齿条传动时工作台折算到小齿轮轴上的转动惯量

齿轮齿条机构推动工作台如图 2-33 所示，工作台折算到小齿轮轴上的转动惯量为

$$J = m \cdot R^2　（\text{kg} \cdot \text{m}^2）\tag{2-14}$$

式中，R——齿轮分度圆半径，单位 m；

$\quad\quad M$——工作台及工件质量，单位 kg。

（7）齿轮齿条传动时传动系统折算到电机轴上的总转动惯量

采用齿轮齿条的传动系统如图 2-34 所示，传动系统折算到电机轴上的总转动惯量为

$$J = J_1 + \frac{1}{i^2}(J_2 + m \cdot R^2)　（\text{kg} \cdot \text{m}^2）\tag{2-15}$$

式中，J_1，J_2——分别为Ⅰ轴和Ⅱ轴及其上面齿轮的转动惯量；

i ——传动比；

m ——工作台及工件的质量；

R ——齿轮 Z 的分度圆半径。

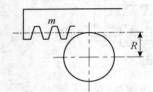

图 2-33　齿轮齿条机构推动工作台

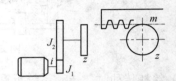

图 2-34　采用齿轮齿条的传动系统

（8）工作台折算到钢带传动驱动轴上的转动惯量

钢带传动带动工作台如图 2-35 所示，工作台折算到钢带传动驱动轴上的转动惯量为

$$J = m \cdot \left(\frac{u}{\omega} \right)^2 \ (\text{kg} \cdot \text{m}^2) \tag{2-16}$$

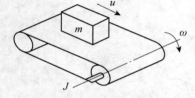

图 2-35　钢带传动带动工作台

式中，m ——工作台及工件质量，单位 kg；

ω ——驱动轴的角速度，单位 s^{-1}；

u ——工作台移动速度，单位 m / s。

例 2-1　两对齿轮传动，各参数如图 2-36 所示，其中 J_D 为电机轴自身的转动惯量，求折算到电机轴上的所有载荷的总等效转动惯量。

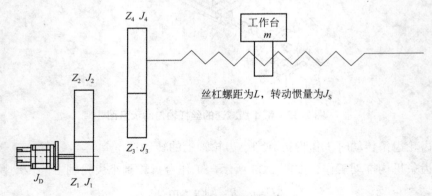

图 2-36　两对齿轮减速器

解：$J_\Sigma = J_D + J_1 + \dfrac{J_2 + J_3 + \dfrac{J_4 + J_S + \left(\dfrac{L}{2\pi} \right)^2 m}{\left(\dfrac{Z_4}{Z_3} \right)^2}}{\left(\dfrac{Z_2}{Z_1} \right)^2}$

例 2-1　如图 2-37 所示为一进给工作台，直流伺服电动机 M，制动器 B，工作台

A，齿轮 $G_1 \sim G_4$ 以及轴 1 和 2 的数据见表 2-3，工作台质量（包括工件在内）$m_A=300\text{kg}$，试求该装置换算至电动机轴的总等效转动惯量 J_Σ，并判断是否满足惯量匹配原则。

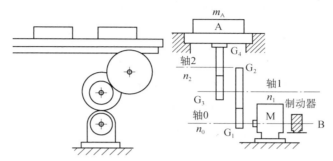

图 2-37　进给工作台

表 2-3　进给工作台的工作参数

	齿　轮				轴		工作台	电动机	制动器
速度/（r/min）	G_1	G_2	G_3	G_4	1	2	A	M	B
	720	180	180	102	180	102	90	720	
（kg·m²）	J_{G1}	J_{G2}	J_{G3}	J_{G4}	J_{S1}	J_{S2}	J_A	J_M	J_B
	0.0028	0.606	0.017	0.153	0.0008	0.0008		0.0503	0.0055

解：按如下步骤进行（解题参考范例）。

（1）所有负载折算到电机轴上的等效转动惯量 J_L（不包括电机本身转动惯量）为

$$J_L = J_{G1} + J_B + \cfrac{J_{S1} + J_{G2} + J_{G3} + \cfrac{J_{S2} + J_{G4} + m_A\left(\dfrac{\upsilon}{2\pi n_2}\right)^2}{\left(\dfrac{n_1}{n_2}\right)^2}}{\left(\dfrac{n_0}{n_1}\right)^2}$$

$$= 0.0028 + 0.0055 + \cfrac{0.0008 + 0.606 + 0.017 + \cfrac{0.0008 + 0.153 + 300\left(\dfrac{90}{2\pi \times 102}\right)^2}{\left(\dfrac{180}{102}\right)^2}}{\left(\dfrac{720}{180}\right)^2} = 0.1691$$

$$(\text{kg} \cdot \text{m}^2)$$

（2）折算到电机轴上的总等效转动惯量 J_Σ（包括电机本身转动惯量）为

$$J_\Sigma = J_L + J_M = 0.1691 + 0.0403 = 0.2094 \ (\text{kg} \cdot \text{m}^2)$$

（3）判断是否满足惯量匹配原则

$$\frac{J_{\mathrm{L}}}{J_{\mathrm{M}}} = \frac{0.1691}{0.0573} = 2.95 \quad (\mathrm{kg \cdot m^2})$$

符合下文中所述的小惯量匹配条件，即 $1 \leqslant J_{\mathrm{L}}/J_{\mathrm{M}} \leqslant 5$，故惯量匹配。

2.2.2 惯量匹配原则

转动惯量对伺服系统的精度、稳定性、动态响应都有影响。惯量大，系统的机械常数大，响应慢，会使系统的固有频率下降，容易产生谐振，因而限制了伺服带宽，影响了伺服精度和响应速度，惯量的适当增大只有在改善低速爬行时有利，因此，机械设计时在不影响系统刚度的条件下，应尽量减小惯量。

衡量机械系统的动态特性时，惯量越小，系统的动态特性反应越好；惯量越大，电机的负载也就越大，越难控制，但机械系统的惯量需和马达惯量相匹配才行。不同的机构，对惯量匹配原则有不同的选择，且有不同的作用表现。

图 2-38 惯量不匹配——瘦孩拉胖孩

惯量匹配的好处如下面的例子。当你旅行选择飞机出行时，小飞机本体轻，遇到气流觉得很颠簸，不舒服，而大飞机的本体重惯量大，乘坐时觉得很稳，比较舒服。这是由于小飞机的惯量小，容易产生颠簸，而大飞机的惯量大，就限制了颠簸。又如图 2-38 所示，当瘦孩拉胖孩时，由于胖孩的惯量大，而瘦孩的惯量小，瘦孩就拉不动胖孩；而反过来，胖孩很容易拉瘦孩，改变瘦孩的运动状态。电机和负载的匹配也一样，如果电机和负载的惯量匹配，电机与负载的连接就会受到较小的冲击；如果电机和负载的惯量不匹配，那么惯量小的将运动不稳，影响到运动精度，并可能产生冲击、振动等情况。

不同的机构动作及加工质量要求对 J_{L}（负载折合到电机轴的转动惯量）与 J_{M}（电机轴的转动惯量）大小关系有不同的要求，但大多要求 J_{L} 与 J_{M} 的比值小于 10 以内。而对于基础的金属切削机床的配套伺服电机来说，一般要求 J_{L} 与 J_{M} 的比值小于 3。因此，$J_{\mathrm{L}}/J_{\mathrm{M}}$ 比值大小对伺服系统的性能有很大的影响，且与伺服电动机的种类及其应用场合有关，通常分为几种情况：

① 对于机械传动系统速度要求比较慢，如模块化机器人的第 2 关节，其转速要求很低，只有 $360°/\mathrm{min}$。

$$3 \leqslant J_{\mathrm{L}}/J_{\mathrm{M}} \leqslant 10$$

② 对于采用基础的金属切削机床的伺服系统，其速度响应要求比较高，其比值通常推荐为

$$1 \leqslant J_{\mathrm{L}}/J_{\mathrm{M}} \leqslant 3$$

当 $J_{\mathrm{L}}/J_{\mathrm{M}} > 3$ 时，对电动机的灵敏度与响应时间有很大的影响，由于速度响应要求

快，甚至会使伺服放大器不能在正常调节范围内工作。

③ 对于在高速曲线切削时，需采用大惯量伺服电动机的伺服系统，其比值通常推荐为

$$0.25 \leqslant J_{\mathrm{L}} / J_{\mathrm{M}} \leqslant 1$$

所谓大惯量是相对小惯量而言。大惯量宽调速直流伺服电动机的特点是惯量大、转矩大，且能在低速下提供额定转矩，常常不需要传动装置而与滚珠丝杠直接相连，而且受惯性负载的影响小，调速范围大，过载能力强。其次，转矩/惯量比值高于普通电动机而低于小惯量电动机，其快速性在使用上已经足够。因此，采用这种电动机能获得优良的调速范围及刚度和动态性能，因而在现代数控机床中应用较广。

例如，CNC 中心机通过伺服电机做高速切削时，当负载惯量增加时，会发生：

① 控制指令改变时，马达需花费较多时间才能达到新指令的速度要求；

② 当工作台沿 X，Y 轴执行弧式曲线快速切削时，会发生较大误差。

伺服电机通常状况下，当 $J_{\mathrm{L}} \leqslant J_{\mathrm{M}}$，则上面的问题不会发生。

2.3　任务 3——伺服电机选型的方法认识

在正常的机械设计中，先由机械设计工程师完成机械结构的设计，然后根据所确定的机械传动系统对所配套的驱动电机进行型号的选型。如图 2-39 所示为某机床轴的传动链，工作平台安装在滚珠丝杆上，丝杆通过联轴器与从动带轮进行连接，而皮带主动轮和减速机连在一起，由伺服电机进行驱动。这需要对伺服电机进行选型计算，从而选择出能够满足系统驱动要求的电机。

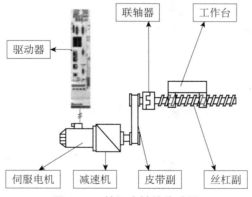

图 2-39　某机床轴的传动链

伺服电机的选型计算，先由机械传动系统的构成计算出转动惯量，接着根据机械传动系统的运动要求计算出必要的电机驱动力矩，从而实现对电机进行选型。其需要完成的计算过程有如下三个方面。一般地，由于不能测定系统惯性矩和负载转矩，因此工程上一般

由机械传动系统的机械构成计算出近似值。

① 机械传动系统的转动惯量：需要计算出所有负载折合到电机轴的转动惯量 J_L。

② 传动系统的加速/减速时间：根据设备的设计要求确定传动系统的加速/减速时间，从而计算出驱动机械传动系统所需的转矩。

电机的选型计算的流程如图 2-40 所示。

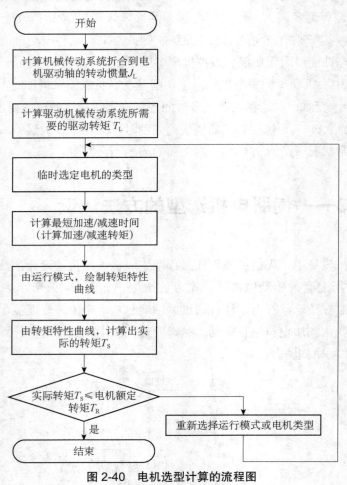

图 2-40 电机选型计算的流程图

2.4 任务 4——一维工作平台电机的伺服电机选型计算

一维移动平台机械传动系统的组成如图 2-41 所示，下面介绍其伺服电机的选型计算。

（1）最大移动速度（v）

当传动比 $i_{12} = \dfrac{z_2}{z_1} = 2$、电机轴旋转速度 $n = 3000$（r/min）时，

$$v=（n/60\times L）/i_{12}=（3000/60\times 10）/2=250（mm/s）$$

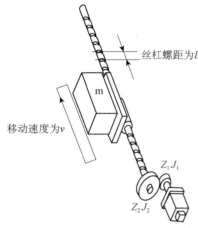

丝杠螺距为 L

移动速度为 v

$Z_1 J_1$

$Z_2 J_2$

①材料垂直运动，料块m质量为40kg；

②丝杠螺距 $L=10mm$；

③$Z_1=30$；$Z_2=60$；

④$J_1=3\times 10^{-5}kg\cdot m^2$；$J_2=4\times 10^{-5}kg\cdot m^2$；

⑤假定丝杠 $D_1=\phi 20$、长度 C 为500mm；

⑥料块所受外力 $F=0$。

图 2-41　一维移动平台机械传动系统的组成

（2）对电机轴换算的负载惯性矩（J_L）

● 有丝杠绕轴转动惯量（J_S）为

$$J_S=\frac{\pi\rho}{32}\left(\frac{C}{1000}\right)\left(\frac{D_1}{1000}\right)^4$$

$$=\frac{\pi\times 7.85\times 10^3}{32}\left(\frac{500}{1000}\right)\left(\frac{20}{1000}\right)^4$$

$$=6\times 10^{-5}\left(kg\cdot m^2\right)$$

式中，ρ 为丝杠材料密度 $7.85\times 10^3 kg/m^3$。

● 根据式（2-12），料块折合到丝杆轴的转动惯量（J_k）为

$$J_k=m\left(\frac{1}{2\pi}\times\frac{L}{1000}\right)^2=40\left(\frac{1}{2\pi}\times\frac{10}{1000}\right)^2=10\times 10^{-5}\left(kg\cdot m^2\right)$$

● 丝杠轴所有负载转动惯量（J_{hs}）为

$$J_{hs}=J_s+J_k+J_2=20\times 10^{-5}\left(kg\cdot m^2\right)$$

● 折合到电机轴所有负载转动惯量（J_L）为

$$J_L=J_{hs}/i_{12}^2+J_1=8\times 10^{-5}\left(kg\cdot m^2\right)$$

（3）对电机轴换算的负载转矩（T_L）

根据能量守恒定律有 $T_L\theta\eta=(\mu mg+F)S$

式中，T_L——电机端的扭矩；

θ——电机端的转角；

η——传动的效率（机械效率 η 的目标值见表 2-4）；

μmg——工作台在丝杆上的摩擦力（摩擦系数 μ 的目标值见表 2-5）；

F ——工作台所受到的外力；

S ——工作台在丝杆上前进的距离。

而

$$\frac{S}{\theta} = \frac{L}{2\pi i_{12}}$$

故有

$$T_L = \frac{(\mu mg + F)}{2\pi \eta} L \left(\frac{1}{i_{12}}\right)$$

$$= \frac{(0.1 \times 40 \times 9.81 + 0)}{2\pi \times 0.9} \left(\frac{10}{1000}\right) \times \frac{1}{2}$$

$$= 0.035 (\text{N} \cdot \text{m})$$

表 2-4 机械效率 η 的目标值

机构	机械效率
台式丝杠	0.5～0.8
滚珠丝杠	0.9
齿条和小齿轮	0.8
齿轮减速器	0.8～0.95
蜗轮减速器（启动）	0.5～0.7
蜗轮减速器（运行中）	0.6～0.8
皮带传动	0.95
链条传动	0.9
谐波传动	0.7

表 2-5 摩擦系数 μ 的目标值

机构	摩擦系数
轨道和铁车轮（台车，吊车）	0.05
直线导轨	
滚珠花键轴	0.05～0.2
滚柱工作台	
滚柱系统	

（4）惯量匹配及电机选择条件

$T_L \leqslant T_R \times 0.9$

$J_L \leqslant J_M \times 3$（高频率进给）

$T_L = 0.035$（N·m）

$J_L = 8 \times 10^{-5}$（kg·m^2）

（5）临时选择

由电机选择条件可得到电机的型号为 GYS201DC2-T2A（0.2kW）。

该电机的技术参数为：$J_M=0.135\times10^{-4}$（kg·m^2），$T_R=0.637$（N·m）（额定扭矩），$T_{AC}=1.91$（N·m）（加减速扭矩），如图 2-42 所示。

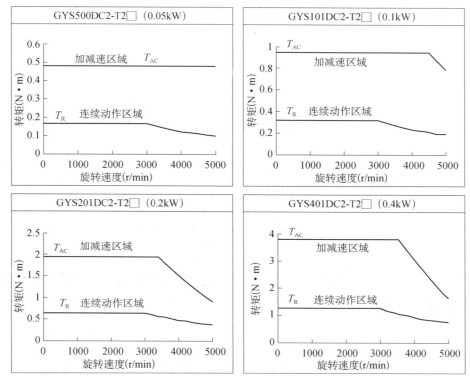

图 2-42　伺服电机速度、转矩图

（6）最短加速/减速时间（t_{AC}）（根据 $T\times t=J\times\omega$）

$$t_{AC}=\frac{(J_M+J_L)\times2\pi\times n}{60(T_{AC}-T_L)}=\frac{(1.35+8)\times10^{-5}\times2\pi\times3000}{60\times(1.91-0.035)}=0.016(s)$$

则加速/减速时间为 0.05s 时对应的加/减速转矩为

$$T_{AC}=\frac{(J_M+J_L)\times2\pi\times n}{60t_{AC}}+T_L=\frac{(1.35+8)\times10^{-5}\times2\pi\times3000}{60\times0.05}+0.035=0.622(N\cdot m)$$

（7）运行模式（假设 1 个运行周期为 0.5s）

运行模式图如图 2-43 所示。

（8）实际转矩（T_s）

实际转矩为输出转矩的时间平均值

$$T_s=\sqrt{\frac{T_{AC}^2\times t_a+T_L^2\times t_L+T_{DC}^2\times t_d}{t_{CYC}}}=\sqrt{\frac{(0.622^2\times0.05)\times2+(0.035^2\times0.45)}{0.5}}=0.28(N\cdot m)$$

由于 GYS201DC2-T2A 的额定转矩为 $T_R=0.637$（N·m），而 $T_s<T_R$，故所选择的伺

服电机可以在指定运行模式安全运行。

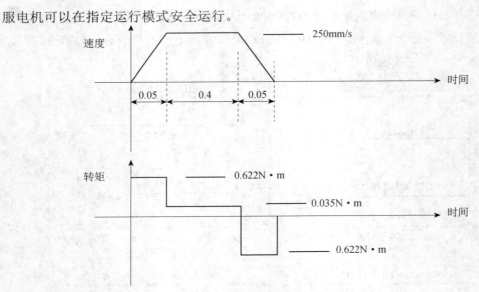

图 2-43　运行模式图

2.5　任务 5——模块化机器人机械传动系统步进电机初步选型实例

如图 2-44 所示，模块 2～模块 6 组合体通过模块 1 的 1 节轴座安装固定，其中模块 2～模块 6 的总重量为 8kg，一节轴承座及一节轴承座接座为 0.5kg，谐波齿轮采用 XB1-32-80，其中 32 代表谐波减速器的型号，该型号的柔轮直径为 45mm，80 代表减速比。波发生器轴的转动惯量 J_f 为 15×10^{-6}（kg·m^2），模块 1 最快速度要求 45°/s，步进电机的速度为 3600°/s，即 600r/min，假设 1 轴从启动开始到最快速度的加速要求为 0.05s。

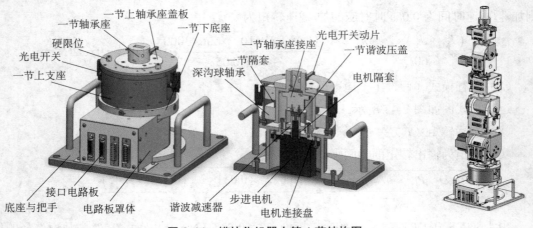

图 2-44　模块化机器人第 1 节结构图

（1）折合到模块 1 波发生器轴的惯性矩（J_L）能

● 负载折合到柔轮中心转动惯量（J_r）为

$$J_r = (m+M)r^2 = 8.5 \times (22.5 \times 10^{-3})^2 = 4.303 \times 10^{-3} \ (\text{kg} \cdot \text{m}^2)$$

● 负载折合到波发生器轴转动惯量（J_b）为

$$J_b = \frac{J_r}{i_{12}^2} = 0.67 \times 10^{-6} \ (\text{kg} \cdot \text{m}^2)$$

● 折合到电机轴所有负载转动惯量（J_L）为

$$J_L = J_b + J_f = 15 \times 10^{-6} + 0.67 \times 10^{-6} = 15.67 \times 10^{-6} \ (\text{kg} \cdot \text{m}^2)$$

（2）对电机轴换算的负载转矩（T_L）

由于模块 1 采用直连垂直放置结构，因此根据能量守恒定律有

$$T_L \theta \eta = (\mu m g + F) r \beta$$

式中，T_L——电机端的扭矩；

θ——电机端的转角；

η——传动的效率；

$\mu m g$——柔轮轴与轴承座之间的摩擦力；

F——谐波齿轮所受到的外力；

r——柔轮的半径；

β——柔轮旋转的角度。

而

$$T_L = \frac{(\mu m g + F)}{\eta}(r)\left(\frac{1}{i_{12}}\right) = \frac{(0.2 \times 8.5 \times 9.81 + 0)}{0.7}(22.5 \times 10^{-3}) \times \frac{1}{80} = 0.0067 \ (\text{N} \cdot \text{m})$$

（3）惯量匹配及电机选择条件

$$T_L \leqslant T_R \times 0.9$$

$$J_L \leqslant J_M \times 3 \ (\text{高频率进给})$$

$$T_L = 0.0067 \ (\text{N} \cdot \text{m})$$

$$J_L = 15.67 \times 10^{-6} \ (\text{kg} \cdot \text{m}^2)$$

（4）临时选择

从电机的转子惯量匹配及保持转矩选择条件，由表 2-6 可得电机型号为 BS57HB41-02。由于保持转矩是指步进电机通电但没有转动时，定子锁住转子的力矩。它是步进电机最重要的参数之一，通常步进电机在低速时的力矩接近保持转矩。由于步进电机的输出力矩随速度的增大而不断衰减，而启动时不仅需要考虑摩擦负载，还要考虑加速负载，因此，保持力矩成为步进电机选型的关键考量因素。

$$J_M = 1.2 \times 10^{-6} \ (\text{kg} \cdot \text{m}^2), \ T_{AC} = T_R = 0.39 \ (\text{N} \cdot \text{m})$$

表 2-6 57B、16H、11H 系列步进电机扭矩及转动惯量

型号	步距角	电机长度	保持转矩	额定电流	转子惯量	电机重量
Model	Step Angle/ °	Length L/mm	Holding Torque/ (N·m)	Current /A	Rotor inertia 10^{-6}/ (kg·m²)	Weight/ kg
11H32H-0674A		32	0.06	0.67	0.9	0.11
16H34H-0604A	1.8	34	0.22	0.6	2.0	0.18
BS57HB41-02		41	0.39	2.0	12	0.45

（5）加/减速转矩

根据假设要求，最短加速时间（t_{AC}=0.05s）（根据 $T \times t = J \times \omega$），则加速/减速时间为 0.05s 时对应的加/减速转矩为

$$T_{AC} = \frac{(J_M + J_L) \times 2\pi \times n}{60t_{AC}} + T_L = \frac{(1.2 + 3.67) \times 10^{-6} \times 2\pi \times 600}{60 \times 0.05} + 0.0067 = 0.0414 \ （N \cdot m）$$

由于 BS57HB41-02 的额定转矩为 T_H＝0.39（N·m），而 $T_{AC} < T_H$，并且所选择的步进电机的转动惯量满足惯量匹配原则，故所选电机可以在指定运行模式下安全运行。

由于步进电机的转矩特性和伺服电机的不相同，因此在选择步进电机时，将保持转矩作为其扭矩选择参数，并且注意负载与电机轴惯量的匹配关系，详细的步进电机选型方法及参数设置方法将在后续章节介绍。

模块 3　模块化机器人计算机控制基础

在机器人系统中计算机控制起着主导的作用，机电有机结合、信息的获取与处理、机器人的智能化运转都离不开计算机控制系统，计算机控制技术已经成为现代工业必不可少的核心技术。计算机使得控制技术提高到一个新的水平，计算机的强大信息处理能力对控制系统的性能、控制的结构、控制的方式以及控制理论都产生了深刻的影响。因此计算机控制技术已成为机器人技术发展和变革的最活跃的因素。

3.1　任务 1——模块化机器人计算机控制系统的认识

3.1.1　计算机控制的方式

计算机控制系统由控制计算机及接口电路器件、控制软件和控制对象等若干部分组成。在计算机控制系统中，计算机主要承担控制器的作用，在控制软件的运行管理下，实现对控制对象的状态信息的采集、分析，根据采用的控制规律发出各种运行命令，以及完成其他各种信息处理和管理工作。当前从控制对象的角度出发，计算机控制系统可以分成以下四种方式。

1. 开/关量控制方式

如图 3-1 所示的十字路口的红绿灯的控制，通过计算机控制实现对路口红灯、黄灯、绿灯的亮灯时间以及不同路口的亮灯状态的控制，由于对应的灯的亮和灭以及和开关的通和断都是可以用简单的 0 或 1 状态来表示，所以称为开/关量控制方式。

2. 模拟量控制方式

如图 3-2 所示的熔融挤出成型的 3D 打印机喷头的温度控制，热熔性丝材（通常为 ABS 或 PLA 材料）向喷头送出，喷头的上方有电阻丝式加热器，在加热器的作用下丝材被加热到熔融状态，然后通过挤出机把材料挤压到工作台上，材料冷却后便形成了工件的截面轮廓。喷头里面装有温度传感器，可以将温度转化为电压量，并输送到计算机。当喷头温度过高时，PLA 材料直接由固体变为液体，极容易造成喷嘴堵塞。而喷头温度过低时，PLA 材料来不及融化，也容易造成喷嘴堵塞。因此通过温度传感器的模拟量输入，由计算机来实现电阻丝加热器的加热平均电压，从而控制一定的加热温度。这种称为模拟量的控制方式。

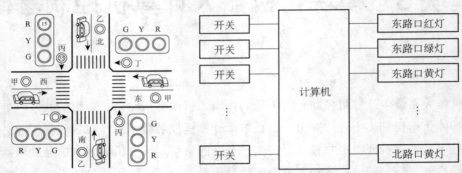

图 3-1　以 I/O 为主的十字路口交通灯及控制示意图

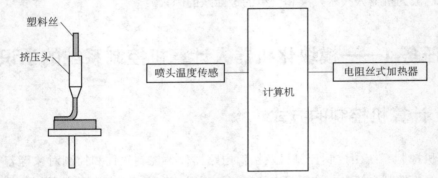

图 3-2　3D 打印机喷头的温度控制示意图

由于传感器检测到的物理量如温度信号在一定的范围可以连续变化，一般都要转化成与温度高低成比例的连续电压信号，这种信号称为模拟信号，模拟信号无法直接输入计算机，所以必须将传感器的模拟信号通过 A/D（模拟/数字）转换器转换成数字信号才能够输入计算机。计算机通过识别输入的数字信号，并且通过针对输入的传感信息和设置进行运算，存储并进行输出。输出需要通过 D/A 转换器将数字量转换为外部执行器如加热器的加热电压等类型的模拟量，以达到计算机对外部的温度控制。模拟量输入及输出示意图如图 3-3 所示。

3. 运动控制方式

如图 3-4 所示的 3D 打印机的工作平台，需要 X、Y、Z 轴 3 个空间的电机的驱动配合，才能实现喷头在 3 维空间的运动，从而打印出立体的对象，而这 3 维空间的电机运动，需要计算机根据加工图形的尺寸具体计算得出每个维度电机的运动速度及运

动的距离，这需要计算机对电机的运动进行高精度的控制。这种控制称为运动控制
方式。

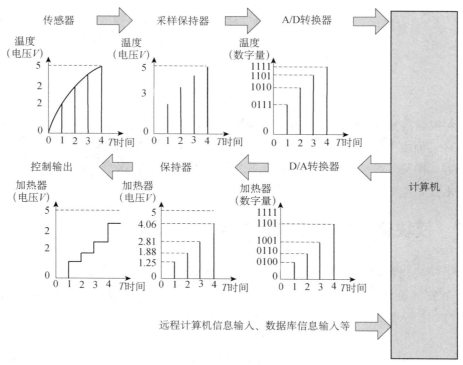

图 3-3　模拟量输入及输出示意图

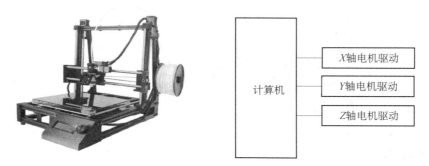

图 3-4　3D 打印机的基于 X、Y、Z 轴运动驱动平台示意图

4. 总线控制方式

还是如图 3-4 所示的 3D 打印机的工作平台，3D 打印机的加工数据通过上位机生成后可以通过串行总线传输到 3D 打印机的控制计算机里，并且 3D 打印机在加工时的坐标状态及相关的喷嘴温度等参数可以通过 3D 打印机上的液晶模块显示出来，由 3D 打印机的控制计算机通过 SPI 或者 I^2C 总线传输到液晶显示单元中进行显示，如图 3-5 所示。这种通过总线将数据传输到对应的计算机单元，称为总线控制方式。

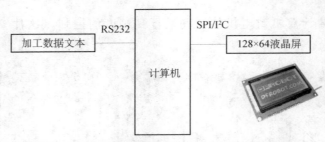

图 3-5　基于总线控制方式的 3D 打印机控制单元

　　上面根据常见机电一体化设备的控制目标对象以及控制方法的不同将计算机控制方式分为 4 种，但由于机电一体化设备系统本身的复杂性，构成一个设备的控制系统，可能是这 4 种方式中某几种结合在一起的复合方式，如 3D 打印机就包括这 4 种控制方式。下面以模块化机器人为例进行详细分析。

3.1.2　模块化机器人计算机控制的方式

　　由于模块化机器人具有 6 个关节，这需要 6 套电机控制系统来实现每个关节的运动，每个关节还有对应的限位开关保护。模块化机器人平台采用两种控制平台，第一种采用 PLC 控制平台，第二种采用 PC 机+运动控制卡平台的方式。其控制结构分别如下：

　　第一种，PLC 控制平台的方式，如图 3-6 所示，PLC 分为上位机和下位机 2 个部分，上位机采用西门子 S7-200 类型的 PLC，其负责实现模块化机器人运动中的示教、复位、示教再现、示教记录、急停以及伺服报警等上层的操作或者报警信号的输入及指示。下位机采用 2 套大连理工计算机控制工程有限公司（下面简称"大工计控"）开发的 PEC 6000PLC 模块，负责实现对应的每个关节的运动。上位机和下位机中采用 ModBus 总线进行通信。因此在 PLC 控制平台方式中，就包括了上述计算机控制系统的开关量控制方式、运动控制方式和总线控制方式这 3 种方式。

　　第二种，PC 机+运动控制卡平台的方式，如图 3-7 所示，亦分为上位机和下位机两个部分。上位机采用 PC 机，其负责实现模块化机器人运动中的示教、复位、示教再现、示教记录、急停以及伺服报警等上层的操作或者报警信号的输入及指示。由于 PC 机具有人机交互界面，因此在操作上，比第一种方式简单明了，并可以跟踪到各个关节的具体位置坐标及状态。下位机采用 2 套运动控制卡模块，负责实现对应的每个关节的运动。上位机和下位机中采用 PCI 总线进行通信。在 PC 机+运动控制卡平台方式中，亦包括了上述计算机控制系统的 3 种方式。

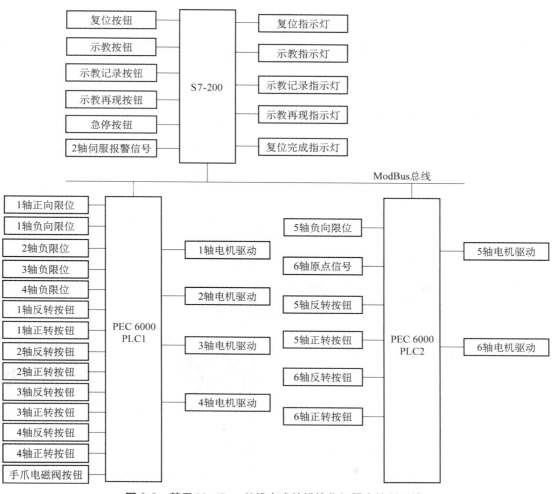

图 3-6　基于 ModBus 总线方式的模块化机器人控制系统

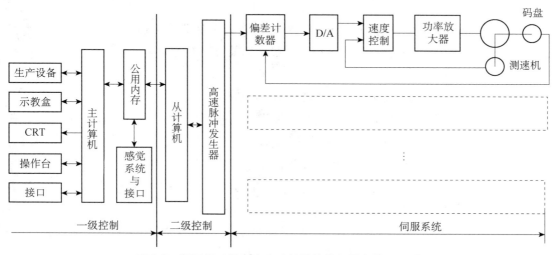

图 3-7　基于运动控制卡方式的模块化机器人控制系统

3.2 任务 2——模块化机器人控制系统的硬件认识

3.2.1 西门子 200

S7 系列 PLC 产品可分为微型 PLC（如 S7-200）、小规模性能要求的 PLC（如 S7-300）和中高性能要求的 PLC（如 S7-400）等。其中，S7-200 系列 PLC 是德国西门子公司生产的超小型化 PLC，它适用于各种场合中的自动检测、监测及控制等。S7-200 PLC 可提供 4 个不同的基本型号与 8 种 CPU 可供选择使用。在本控制系统中使用的 PLC 为 CPU 224XP CN，如图 3-8 所示。

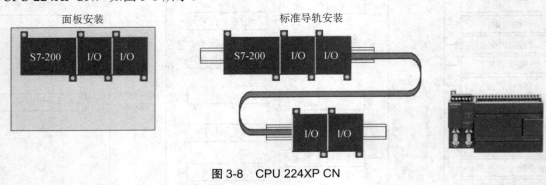

图 3-8　CPU 224XP CN

CPU 224XP CN 集成 14 输入/10 输出共 24 个数字量 I/O 点（其 I/O 结构图见图 3-9），2 输入/1 输出共 3 个模拟量 I/O 点，可连接 7 个扩展模块，最大扩展至 168 路数字量 I/O 点或 38 路模拟 I/O 点，22KB 程序和数据存储空间，6 个独立的高速计数器（100kHz），2 个 100kHz 的高速脉冲输出，2 个 RS-485 通信/编程口，具有 PPI 通信协议、MPI 通信协议和自由方式通信能力。该 PLC 还新增多种功能，如内置模拟量 I/O、位控特性、自整定 PID 功能、线性斜坡脉冲指令、诊断 LED、数据记录及配方功能等，是具有模拟量 I/O 和强大控制能力的新型 CPU。

下面介绍 S7-200 PLC 编程软件 STEP 7-MicroWin。

编程器有简易型和智能型两种。简易型编程器是袖珍型的，简单实用，价格低廉，是一种很好的现场编程及监测工具，但显示功能较差，只能用指令表方式输入，使用不够方便。智能型编程器采用计算机进行编程操作，将专用的编程软件装入计算机内，可直接采用梯形图语言编程，实现在线监测，非常直观，且功能强大。S7-200 系列 PLC 的专用编程软件为 STEP7-Micro/Win。

本系统的控制程序是基于西门子公司提供的 STEP 7-MicroWin V4.0 incl. SP6 编写的。该版本的编程软件将 ModBus 通信指令库集于其中，无须另外安装，使用方便。将该软件安装于 Windows XP 操作系统的计算机，进行 PLC 程序的编写。图 3-10 所示为 S7-200 编程开发环境。编写完成后，通过 S7-200 PLC 专用编程电缆建立 PC 机与 PLC 的通信，将程序下载到 PLC 中，从而对系统进行控制。

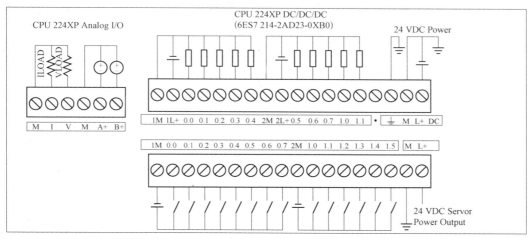

图 3-9 CPU 224XP I/O 结构图

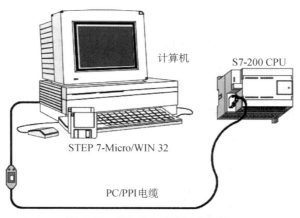

图 3-10 S7-200 编程开发环境

3.2.2 PEC 6000 运动控制器

1. 概述

PEC 是 Programmable Ethernet Controller 的缩写，中文意思是可编程以太网控制器。PEC 6000 是一种支持多种通信协议的多功能网络化可编程控制器，具有逻辑控制、过程控制、运动控制等特点。支持 IEC61131-3 标准的梯形图、功能块编程，具有逻辑指令、运算指令、定时/计数器指令、控制指令、中断指令、网络通信指令、专用指令，以及符合 PLCopen 标准的单轴指令、多轴指令、轴组指令等。支持 EPA、ModBus、MPI、Profibus-DP、USS 等主流控制网络协议，具有多级主从设备扩展和第三方设备互联的能力。以网络系统为整体，对系统中的设备进行统一管理和编程开发，可以实现大中小型可编程控制系统的各种功能，其采用 PLC_Config 软件对运动控制进行编程，实现各种复杂的运动控制任务。PEC 6000 具有特点如下：

① 以工业级 32 位高性能 MCU 为核心，集数字量输入输出、以太网、RS-485 等多种资源为一体，运算处理能力强，功能全，使用方便。

② 隔离 DC-DC 变换技术，全浮空电路设计以及输入输出自恢复保护和瞬态电压抑制等可靠性措施，控制器具有较强的抗过载能力和抗电磁干扰能力。

③ 使用 FPGA 芯片进行 I/O 控制和轴组管理，提供了多种计数模式的高速计数功能和丰富的位置控制模式输出，实现了运动控制系统的精确定位和多轴同步。

④ 提供了梯形图和功能块等多种编程语言，带有自整定功能的高精度 PID 控制指令和工件检测、经济运行、数据校验等过程自动化和工厂自动化的控制指令，控制性能好，精度高，使用方便。

⑤ 提供符合 PLCopen 标准的单轴、多轴、轴组三大类运动控制指令集，支持空间直线、圆弧、NURBS 曲线插补等多种插补算法，支持梯型曲线、S 曲线、E 指数曲线等多种加减速控制曲线，支持直角模型、圆柱模型、四轴并联模型、三轴并联模型、三轴座椅模型、通用模型等多种动力学模型。

⑥ 支持 EPA、ModBus、MPI、Profibus-DP、USS 等多种网络标准，实现多级网络设备统一管理和编程，以及和第三方网络设备互联混合使用。多种资源共享模式和设备的灵活配置方式，满足不同用户不同场合的各种控制需要。

图 3-11 所示为 PEC 6000 产品整体外观图。PEC 6000 主要由以下几部分组成：

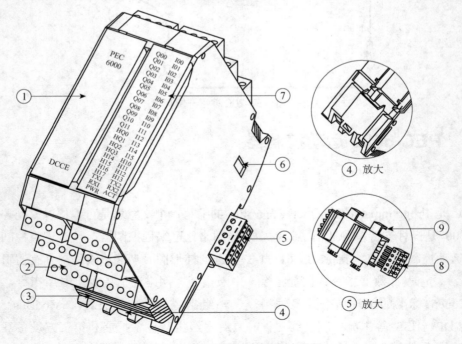

图 3-11 PEC 6000 的产品外观图

- 型号贴，说明产品型号。
- 输入输出端子，输入输出与通信接线端子。
- 散热口，确保产品快速散热。
- 导轨卡扣，将控制器安装到 DIN 导轨上的夹具。
- 总线连接器，由电源端子⑧（24V 电源与串口 1 接线端子）和连接器底座⑨组成。
- 拨码区，硬件地址设置。
- 指示灯，指示设备运行状态。

2. 工作原理及输入输出

PEC 6000 采用工业级高性能 32 位 MCU，原理框图如图 3-12 所示，具有 2 路 RS-485 及 1 路 10/100M 以太网通信接口、24 路数字量输入、16 路数字量输出。PEC 6000 标准电源电压为 24V DC，支持 9～30V DC 宽电压输入。各部分电路电源采用 DC-DC 变换器隔离。

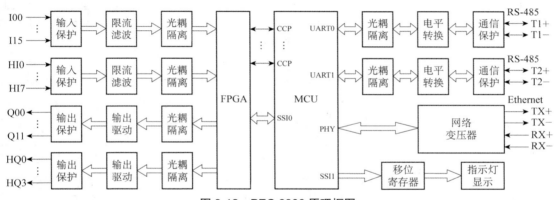

图 3-12　PEC 6000 原理框图

PEC 6000 接口说明见表 3-1。I00～I15 为 16 路普通数字量输入。HI0～HI7 为 8 路高速数字量输入，其测量频率最高可达 1MHz。Q00～Q11 为 12 路普通数字量输出。HQ0～HQ3 为 4 路高速数字量输出，输出频率最高可达 300kHz。

PEC 6000 具有 2 路隔离 RS-485 接口，带有过流过压保护电路。MCU 内置 10Mbps/100Mbps 以太网，实现以太网通信功能。

PEC 6000 输入和输出端子置于上下两侧排布，每侧分 3 层，每层有 2 个 4 位插拔端子，间距 5.08mm。连接器底座侧面有 5 位 3.81mm 间距插拔端子，连接电源和通信接口。详见图 3-13，图中给出了端子编号和功能定义对应关系，以及底板连接器、拨码开关和指示灯定义。端子功能说明见表 3-2。表 3-3 给出了两个拨码开关 SW1 和 SW2 定义。其中 SW1 用于设置电池控制，SW2 用于设置 RS-485 总线地址。

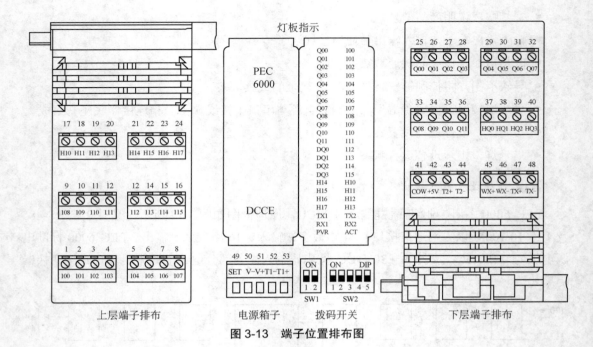

图 3-13　端子位置排布图

表 3-1　PEC 6000 接口

功能	点数	端子符号	备注
数字量输入	24	I00～I15（普通）	双向，输入电阻 3.75kΩ
		HI0～HI7（高速）	双向，输入电阻 2.55kΩ
数字量输出	16	Q00～Q11（普通）	NMOS 输出，负载电流 140mA
		HQ0～HQ3（高速）	NMOS 输出，负载电流 140mA
RS-485	2	T1+，T1−，T2+，T2−	T1 通信口与电源接口在一起
以太网	1	RX+，RX−，TX+，TX−	采用端子连接方式

表 3-2　端子说明

端子序号	端子名称	描述	端子序号	端子名称	描述
1	I00	第一路普通数字量输入	28	Q03	第四路普通数字量输出
2	I01	第二路普通数字量输入	29	Q04	第五路普通数字量、轴 0 方向或脉冲输出
3	I02	第三路普通数字量输入	30	Q05	第六路普通数字量、轴 1 方向或脉冲输出
4	I03	第四路普通数字量输入	31	Q06	第七路普通数字量、轴 2 方向或脉冲输出
5	I04	第五路普通数字量输入	32	Q07	第八路普通数字量、轴 3 方向或脉冲输出
6	I05	第六路普通数字量输入	33	Q08	第九路普通数字量输出

（续表）

端子序号	端子名称	描述	端子序号	端子名称	描述
7	I06	第七路普通数字量输入	34	Q09	第十路普通数字量输出
8	I07	第八路普通数字量输入	35	Q10	第十一路普通数字量输出
9	I08	第九路普通数字量输入	36	Q11	第十二路普通数字量输出
10	109	第十路普通数字量输入	37	Q100	第一路高速数字量、轴0方向或脉冲输出
11	I10	第十一路普通数字量输入	38	HQ1	第二路高速数字量、轴1方向或脉冲输出
12	I11	第十二路普通数字量输入	39	HQ2	第三路高速数字量、轴2方向或脉冲输出
13	I12	第十三路普通数字量输入	40	HQ3	第四路高速数字量、轴3方向或脉冲输出
14	I13	第十四路普通数字量输入	41	COM	数字量输入公共端
15	I14	第十五路普通数字量输入	42	+5V	+5V 电源端
16	I15	第十六路普通数字量输入	43	T2+	串口2数据正
17	HI0	第一路高速数字量输入	44	T2-	串口2数据负
18	HI1	第二路高速数字量输入	45	RX+	以太网接收正
19	HI2	第三路高速数字量输入	46	RX-	以太网接收负
20	HI3	第四路高速数字量输入	47	TX+	以太网发送正
21	HI4	第五路高速数字量输入	48	TX-	以太网发送负
22	HI5	第六路高速数字量输入	49	SET	调试置位
23	HI6	第七路高速数字量输入	50	V-	供电电源负端
24	HI7	第八路高速数字量输入	51	V+	供电电源正端
25	Q00	第一路普通数字量输出	52	Tl-	串口1数据负
26	Q01	第二路普通数字量输出	53	Tl+	串口1数据正
27	Q02	第三路普通数字量输出			

表 3-3　拨码开关功能说明

拨码开关	位号	功能	开关定义
SW1	1	电池控制，1为启用电池，0为禁用电池	ON＝1
	2	保留	OFF＝0
SW2（硬件地址设置）	1	硬件地址设置，1为硬件地址16	ON＝1 OFF＝0
	2	硬件地址设置，1为硬件地址8	
	3	硬件地址设置，1为硬件地址4	
	4	硬件地址设置，1为硬件地址2	
	5	硬件地址设置，1为硬件地址1	

3. 数字量输入输出接线

数字量输入分为普通输入与高速输入。普通输入建议使用 $0.5\sim1.0mm^2$ 的 BVR 或 RV 普通单芯软导线，高速输入建议使用 $0.5mm^2$ 的 RVVP 屏蔽电缆。所有数字量输入共用 1 个公共端 COM，可接+24V，也可接 0V。数字量输入的光耦前级均有限流电阻和滤波电路，可防止输入电压受到干扰后控制器产生误操作。数字量输入连接方法如图 3-14 所示（图中 i=00～15），数字量输入的 COM 端接 24V 的输入电路。如果是高速输入，将多芯屏蔽电缆的屏蔽层接控制器的电源地上。

所有数字量输出均为漏极开漏输出，即灌电流输出。数字量输出端通过自恢复性保险丝和 TVS 实现输出的过流过压保护。

数字量输出为 NPN 型输出，电路接线如图 3-15 所示，负载（如继电器线圈）的负端接 Q_i（i=00～11），负载的正端接+24V。负载的供电电源建议使用控制器供电电源，如果使用额外电源，需要将负载电源的负极与控制器供电电源的负极相连。

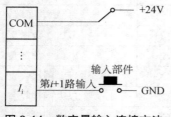

图 3-14　数字量输入连接方法

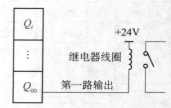

图 3-15　数字量输出连接方法

4. 线缆选择

为了保证 PEC 6000 控制器能够正确工作，对产品使用的电缆和布线进行规定，PEC 6000 建议使用的连线线缆见表 3-4。

表 3-4　PEC 6000 线缆要求

PEC 6000 接线	线缆类型	推荐规格
以太网通信	屏蔽双绞线 STP	CAT-5E（超 5 类屏蔽网线）
串口通信	屏蔽双绞线 STP	$2\times0.5mm^2$
高速数字量输入/输出	屏蔽线 RVVP	$0.5mm^2$
普通数字量输入/输出	单芯软导线（BVR 或 RV）	$0.5\sim1.0mm^2$
电　源	单芯软导线（BVR 或 RV）	$0.5\sim1.0mm^2$

5. 布线指导

PEC 6000 可编程控制器的输入和输出都是测量信号和控制信号，其输入输出连线应根据现场情况，布线时尽量远离干扰源。干扰源根据功率大小分为三个等级，为了保证

PEC 6000 产品工作的稳定性，布线时请将功率设备动力线与 PEC 6000 输入输出线分开铺设，其间距应保证表 3-5 给出的间隔距离。

表 3-5　布线间距

线槽种类	电缆布线的最小距离	干扰源强度
金属线槽	0.08m	低于 20A 负载电流功率设备
	0.15m	大于 20A 负载电流功率设备
	0.3m	功率大于 100kVA 功率设备
非金属线槽	0.15m	低于 20A 负载电流功率设备
	0.3m	大于 20A 负载电流功率设备
	0.6m	功率大于 100kVA 功率设备

6. 屏蔽和接地

屏蔽的作用是将电磁场噪声源与敏感设备隔离，切断噪声源的传播路径。当使用屏蔽电缆时，电缆屏蔽层应选用铜网屏蔽或铝箔屏蔽，铺设在带盖的线槽中，为了发挥屏蔽电缆作用，应对屏蔽层进行良好接地。PEC 6000 控制器内置 DC-DC 隔离电源，将测量部分与电源、输出和 RS-485 通信部分隔

电源地　保护地　测量地

图 3-16　接地方式示意图

离。因此，控制器接地分为电源地、保护地和测量地，如图 3-16 所示。电源地是指控制器供电电源的负端，该电路与数字量输出以及 RS-485 串行通信地共用；测量地是指测量部分的电路地，内部 DC/DC 变压器隔离，PEC 6000 没有引出该端子；保护地是指控制柜或控制箱的系统保护地，一般通过铜排或金属背板与大地相连，该地是屏蔽地主要接地点。

PEC 6000 作为控制器，主要用于工业自动化系统中，电气设备多为低频大功率设备，干扰源频率较低，因此建议采用单端接地方式将屏蔽线和接地点接地。PEC 6000 接线方式如图 3-17 所示，图中虚线所示圈形为屏蔽层。将控制器的高速输入屏蔽层、通信线缆屏蔽层、高速输出屏蔽层与供电电源 V-端连接到一起，形成控制地 GND，控制地 GND 通过一根粗缆与保护地 PE 相连，形成控制地与保护地一起接地。

如果使用金属线槽，应保证线槽和盖板都具有良好连接，线槽的连接处要用导线连接，保证整个线槽为一个等电位，并且线槽与保护地 PE 点可靠相连。屏蔽电缆的铜网或铝箔屏蔽层较薄，为了保证连接可靠，请选用固定铜环将电缆屏蔽层与接地线可靠连接，如图 3-18 所示。

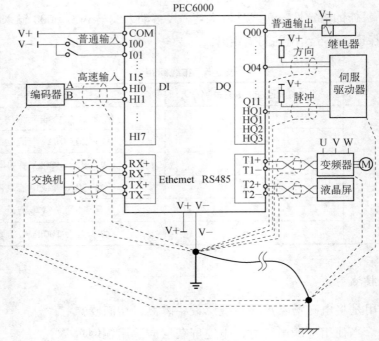

图 3-17 PEC 6000 接线方式

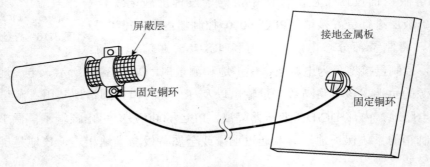

图 3-18 屏蔽线的制作

7. 串口接线

控制器具有两路 RS-485 串口，串口 1 的接线端子在总线连接器处，端子号为 52、53；串口 2 的接线端子在控制器的下层，端子号为 43、44。串口电缆线建议使用屏蔽双绞线，通过 2.5mm 平口螺丝刀紧固端子。Ti+接数据正端，Ti−接数据负端（$i=1$，2），接线方法如图 3-19 所示。

双绞线的长度与传输速率成反比，RS-485 通信速率在 20kbps 速率以下时，才可使用规定最长的电缆长度。只有在很短的距离下才能获得最高速率传输。通常，传输速率达到 1Mbps 时最大传输距离仅为 15m（未接入匹配电阻时）。可以采用在 RS-485 总线的始端和终端分别接入 120Ω 的匹配电阻的方法延长传输距离。匹配电阻应尽量靠近控制器侧安装，可以选择功率为 1/4W、精度高于或等于 5%的普通直插电阻。为方便接线，可以将电阻两端分别同串口线压接在冷压头中。以串口 1 为例，接线方法如图 3-20 所示。常见波特率在使用专用双绞线时，外加匹配电阻与否的最大传输距离见表 3-6。

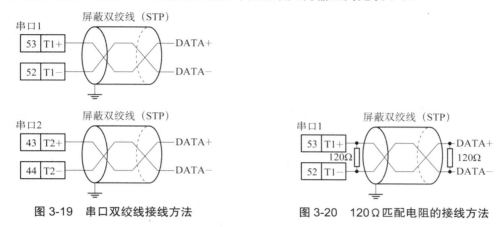

图 3-19　串口双绞线接线方法　　　　图 3-20　120Ω 匹配电阻的接线方法

表 3-6　不同波特率下最大传输距离

传输速率	9600bps	19200bps	38400bps	115200bps	1Mbps
无匹配电阻	1000m	600m	400m	150m	15m
有匹配电阻	1200m	800m	500m	200m	20m

8. 以太网接线

以太网电缆线建议使用屏蔽双绞线，如工业屏蔽网线。控制器的以太网接口采用开放端子连接，位于控制器下面的 45～48 号端子。以太网接线如图 3-21 所示，使用压线钳制作针形冷压头，通过 3mm 平口螺丝刀将网线紧固在端子上，将屏蔽层连接到控制器的电源地。另一侧如连接交换机或计算机等设备时，需用专用压线工具制作 RJ-45 水晶头。

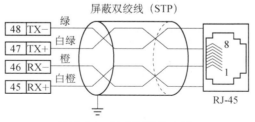

图 3-21　以太网接线方法

9. 运动控制脉冲输出

PEC 6000 脉冲输出模式支持脉冲+方向模式、AB 相模式、正向+反向脉冲模式，各种脉冲输出模式可以通过寄存器 SMW22 进行选择，该寄存器默认为脉冲+方向模式。各种脉冲输出模式的指令信号参见表 3-7。PEC 6000 的正转、反转指令信号输出波形是固定的，用户不可进行修改，在具体应用中，若想更改被控对象运动方向，可以通过修改驱动器的参数来实现。

表 3-7 脉冲输出模式配置表

脉冲输出模式	SMW22[1, 0]	正转指令脉冲输出信号	反转指令脉冲输出信号
脉冲+方向	0 或 3	PULS / SIGN H电平	PULS / SIGN L电平
AB 相	1	90° A相 / B相	90° A相 / B相
正向+反向	2	CW / CCW L电平	CW L电平 / CCW

PEC 6000 可以控制 4 个轴，两种模式的轴和 IO 引脚的对应关系详见表 3-8。

表 3-8 轴与 IO 引脚的对应关系表

脉冲输出模式		轴 0	轴 1	轴 2	轴 3
脉冲+方向模式	脉冲	HQ0	HQ1	HQ2	HQ3
	方向	Q04	Q05	Q06	Q07
AB 相模式	A 相	HQ0	HQ1	HQ2	HQ3
	B 相	Q04	Q05	Q06	Q07
正向+反向脉冲模式	正向	HQ0	HQ1	HQ2	HQ3
	反向	Q04	Q05	Q06	Q07
PWM 输出模式		第 0 路	第 1 路	第 2 路	第 3 路
PWM 占空比可调输出模式		HQ0	HQ1	HQ2	HQ3

SMW22 针对脉冲模式的输出形态进行了控制，每 2 位控制一路高速 DQ 的脉冲输出模式。默认值为 0（脉冲+方向模式），用户可以根据实际情况，手动选择脉冲输出模式进行控制，如图 3-22 所示。

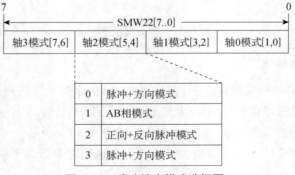

图 3-22 脉冲输出模式选择图

3.2.3　运动控制卡

运动控制卡是以机械传动的驱动设备——电动机为控制对象，以运动控制器为核心，以电力电子功率变换装置为执行机构，在自动控制理论指导下组成的电气传动自动控制系统。这类系统控制电动机的转矩、转速和转角，将电能转化为机械能，实现运动机械的运动要求。如图 3-23 所示，由运动控制卡、电机驱动器、电机形成一个完整的运动控制系统，其配合不同的机械传动部分就可以实现不同执行功能，如齿轮传动、同步带传动或者丝杠传动等。运动系统能够实现对运动轨迹、运动速度、定位精度以及重复定位精度的精确控制要求，其在军事自动化、工厂自动化、办公自动化和家庭自动化等领域中大显身手，实现对上述领域的运动机构进行精确控制的任务。其具体可以用于电子机械设备、机器人、数控机床、医疗设备、液压控制设备、印刷机械等设备上。因此，运动控制系统目前已成为机电一体化应用领域中一个很有意义的研究方向。

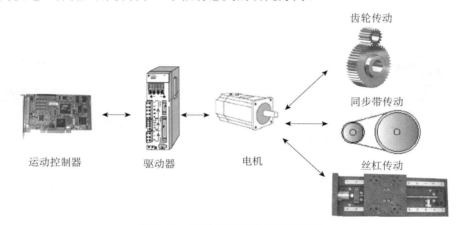

图 3-23　运动控制系统组成示意图

运动控制器一般是具有强大的处理能力的微处理器/DSP，能够控制多轴联动，可以实现复杂的插补算法，保证系统控制的高实时性。最初的基于微处理器/DSP 的运动伺服控制卡是以 8 位、16 位单片机为核心的，它的处理能力较差而且运算精度不高。从 20 世纪 90 年代开始，DSP（Digital Signal Processor）芯片技术在美国得到高速发展，出现一批高性能低成本的 DSP，是专门为快速实现各种数字信号处理算法而设计的。由于数字信号处理中大量使用的基本算术操作就是"乘-加"，而信号处理器能够在一个时钟周期内实现两个数据之间的加法或者乘法的运算，能在很短的控制周期内完成多个指令，能实现多个控制通道的同步处理，具有很强的运算和处理能力，这有利于 DSP 在运动控制系统中实现快速精确的变速度和转矩控制。另外，DSP 控制器具有大容量的片上存储器和专用的运动控制外设电路（如 PWM 产生电路、多通道的模拟数字转换单元等）以及其他功能的外设电路（如串行通信接口单元、CAN 总线接口单元等），这有利于消除 PWM 脉冲发送的时延，快速反馈，以及建立集成度高、可靠性好的运动控制器。

当今，这种具有特殊结构的微处理器，其处理速度已高达 2000Mbps，而且它们的兼容性高，浮点运算速度快，使 2～32 轴的运动控制系统能够集成在一块 PC ISA（见图 3-24）/PCI（见图 3-25）控制卡上，每个轴的更新速率可以高达 20μs，这使传统的以单片机作为基础的运动控制系统发生重大的变化。一方面，电动机控制所需的各种功能都可由 DSP 控制器来实现，因此，可大幅度缩小目标系统的体积，减少外部元器件的个数，增加系统的可靠性。另一方面，由于各种功能都通过软件编程来实现，因此目标系统升级容易，扩展性、维护性、开放性都很好。另外，将 DSP 与 PC 相结合，充分利用当前已经很成熟的 PC 机软硬件平台以及经过几十年的发展已形成强有力的 PC 标准架构体系和服务支持体系，如 ISA/PCI/USB/RS-232 等标准 PC 总线接口；还有 DOS、Windows、Linux 等成熟操作系统，很容易通过硬件的扩展和软件的集成来应用于那些运动过程、机械轨迹都比较复杂，而且柔性比较强的机电一体化设备中，并且可以进一步降低系统的成本，增加系统的通用性能。DSP 控制器的高性能使最终系统既可以满足要求比较低的系统，更可以满足那些对系统性能和精度要求较高的场合的需要。这将是运动控制系统实现技术的发展方向。

图 3-24　ISA 接口运动控制卡

图 3-25　PCI 接口运动控制卡

目前，生产基于 DSP 的运动控制器的国外大厂商及其产品有美国 Delta Tau 公司的 PMAC 系列运动控制卡、美国 Galil 公司的 DMC 系列运动控制卡等；国内有固高科技（深圳）有限公司生产的 GT 系列运动控制卡、深圳市众为兴数控技术有限公司生产的 ADT 系列运动控制卡等。运动控制卡在专机系统的开发过程中，具有更大的灵活性和开放性，使得用户能在短期内开发出功能强大的运动控制系统。正因为以上的特点，专业运动控制卡不仅在机床行业得到大量推广使用，而且在许多小型专机系统中也得到广泛的应用。

正是由于运动控制卡的开放式结构，强大而丰富的软件功能，对于使用者来说进行二次开发的设计周期缩短了，开发手段增多了，针对不同的数控设备，其柔性化、模块化、高性能的优势得以被充分利用。在目前工业生产中，它的应用范围十分广泛，在使用步进电机和数字式伺服电机的 PC 机运动控制系统中，都可以使用运动控制卡作为核心控制单元。例如，数控机床、加工中心、机器人等，送料装置、云台、X-Y-Z 控制台、绘图机、雕刻机、印刷机械；打标机、绕线机，包装机械、纺织机械等设备中都使用运动控制卡。下面着重介绍基于微处理器/DSP 的运动控制卡接口及其使用。

运动控制卡与 PC 机构成主从式控制结构。PC 作为主机端，其提供友好的人机交互界面和控制系统的实时监控等方面的工作，不仅将机床加工的具体要求处理后通过标准总线传递到运动控制卡，指导加工运行，并将结果返回给用户。其负责实现的工作有键盘和鼠标的管理、机电一体化系统设备状态的显示、运动轨迹再现及其跟踪、加工代码的输入编辑、外部信号的监控等；而运动控制卡完成运动控制相关的软件和硬件处理，如插补算法、自动加减速处理，原点、限位、编码器等外部信号的检测、外部辅助设备的 I/O 管理、电机驱动的 PWM 脉冲输出等。每块运动控制卡可控制多轴步进电机或数字式伺服电机，并支持多卡共用，以实现更多运动轴的控制。图 3-26 和图 3-27 为两轴数控切割系统的部分软件窗口，图 3-26 所示窗口负责对于加工代码的输入和编辑，图 3-27 所示的主操作界面负责实现输入的加工代码的轨迹显示。在两轴数控切割系统的加工过程中，还可以根据实际机床走刀的坐标进行轨迹跟踪，而在主操作区实现对机床运行的启动、停止等相关的操作，而底部的坐标区实现对两轴坐标的实时跟踪显示。这样，上层 PC 机输入的加工代码和要求通过其与运动控制卡的接口总线传输到运动控制卡的控制单元中，从而实现具体的控制要求。而具体的执行机构运行的坐标、设备状态等也通过接口总线传输回上层 PC 主控单元中，并在操作界面窗口中显示出来。

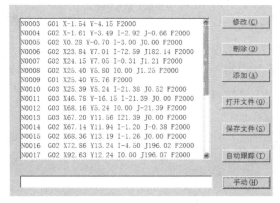

图 3-26　二维数控切割系统加工代码编辑界面

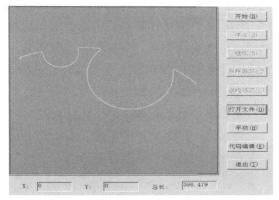

图 3-27　二维数控切割系统主操作界面

由于运动控制卡是基于 PC 机各种总线的步进电机或数字式伺服电机的控制单元，总线形式也是多种多样的，在硬连接上通常使用的是基于 ISA 总线、PCI 总线，其在硬件设计上采用板卡设计，并且在连接方式上采用"金手指"与 PC 机相连，也就是将板卡插到 PC 标准的如 ISA 或者 PCI 插槽中。从物理空间上来说，运动控制卡和上位的 PC 机必须捆绑在一起。在软连接上有 USB 总线、RS-232 总线以至于 Ethernet 连接等接口方式，这样，使得运动控制卡可以和上位机分离，易于实现分布式的控制系统。运动控制卡系统框图如图 3-28 所示。

就运动控制器在机电一体化设备的应用中的运动控制功能，一般可以分为三类，这三类的特点分别如下。

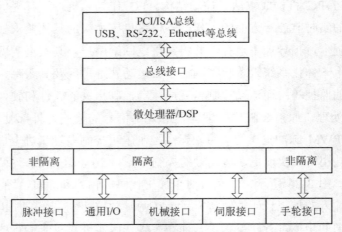

图 3-28   运动控制卡系统框图

点位运动控制功能：主要用于那些只对指定命令位置有精度控制要求，而对这些指定命令位置之间的运动轨迹没有要求的机械电子系统。这种机械电子系统通常要求系统具有快速的定位速度和定位精度。其典型应用领域有：PCB 钻床、表面贴装设备（SMT）、IC 插装机、引线焊接机（Bongding）、激光内雕机、激光划片机、定长剪切机等。

连续轨迹运动控制功能：主要用于传统的数控加工机床，轮廓切割机床的轮廓加工运动控制，如数控车床、数控铣床、雕刻机、各种轮廓切割机等。

同步运动控制功能：主要应用于需要电子齿轮箱和电子凸轮功能的机械电子系统控制，主要解决多轴之间的同步控制问题。典型应用领域有：套色印刷、包装机械、纺织机械、飞剪机、造纸机械、钢板压延机等。

许多通用的运动控制器都具有上述三种运动控制功能，因此在选取时要根据应用的要求选择性价比最好的运动控制器。

3.3   任务 3——模块化机器人控制系统的软件及简单编程

3.3.1   S7-200 PLC 编辑环境介绍、新建项目及编程示例

1. S7-200 PLC 编程环境介绍

STEP 7-Micro/Win 窗口组件如图 3-29 所示。

（1）标题栏

标题栏指出了所做项目的名称。

（2）菜单栏

菜单栏包括了 S7-200 的全部命令项，它允许使用光标或单击执行操作，可以在工具

菜单中添加自己的工具。

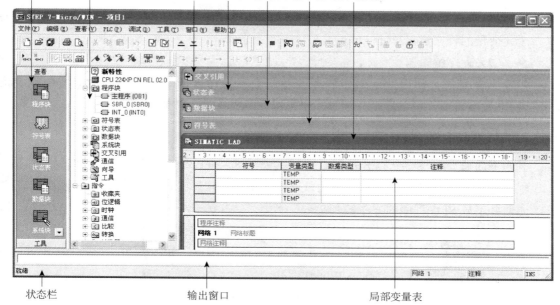

图 3-29　STEP 7-Micro/Win 窗口组件

（3）工具栏

为 STEP 7-Micro/Win 的最常使用操作提供便利的光标访问。

（4）浏览条

浏览条将程序特性的按钮控制按组排放。浏览条总体分两组，一组是"视图"选择，另一组是"工具"选择。

"查看"选择，提供程序块显示符号表、状态图表、数据块、系统块、交叉参考及通信的按钮控制。

"工具"选择，提供指令向导和 TD200 向导显示按钮控制。

（5）指令树

指令树是提供所有的项目对象和对当前程序编辑器可用的所有指令的一个树型查看表（梯形图、功能块图或者语句表）。

指令树总体分两类，一类是"项目"选择，另一类是"指令"选择。

• 可右击树中项目部分的文件夹，打开附加的程序组织单元（POU）；

• 可右击每个 POU，对其所属工作表进行打开、重命名、删除或编辑操作；

• 可左键双击树上一个文件夹或个别指令，来打开或隐藏树和文件夹。一旦打开一指令文件夹，便可以通过拖放或双击的方式自动地把所选指令插入到程序编辑器窗口中光标所在的位置；

• 在语句表程序内，指令树只作参考。只能键入指令，不能从指令树上直接取下。

（6）局部变量表

包含用户对局部变量做过的赋值（换句话说，由用户的子程序和中断程序使用的变量）。变量在局部变量表使用暂时存储区，地址分配由系统处理。变量的使用仅限于定义了此变量的程序组织单元（POU）。

（7）程序编辑器

包含为项目使用的编辑器的局部变量表和程序视图（梯形图、功能块图或者语句表）。如果需要，可以拖动分割条，展开程序视图并覆盖局部变量表。

2. 编程示例

下面通过编写一个简单的 PLC 程序，熟悉 S7-200 PLC 编程软件的操作以及简单的编程方法，包括新建 PLC 程序、常用软元件的编辑、软件编辑的快捷方式、建立 PC 与 PLC 通信并下载 PLC 程序的方法等。

图 3-30　STEP 7-Micro/
Win 启动图标

建立新工程文件的操作如下。

① 双击桌面上的启动图标，如图 3-30 所示，打开 STEP 7-Micro/Win 软件；

② 打开 STEP 7-Micro/Win 启动界面，如图 3-31 所示。

③ 双击工程树中的" 📇 CPU 221 REL 01.10 "，弹出对话框如图 3-32 所示。

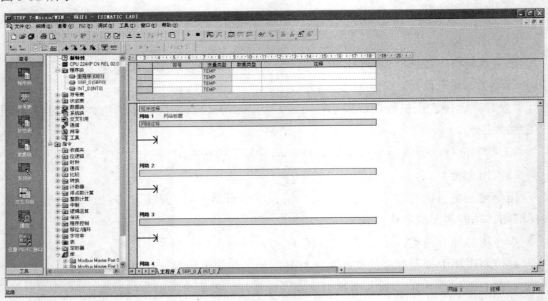

图 3-31　STEP 7-Micro/Win 启动界面

④ 如图 3-33 所示，在"PLC 类型"框中选择好对应的 PLC 类型，然后单击"确认"按钮。此项目请选择 PLC 类型为"CPU224XP CN"。也可建立 PC 与 PLC 的连接后，单击"读取 PLC"按钮，读取成功后也会在工程树中显示对应的 PLC 类型。

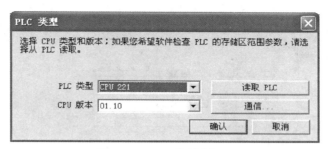

图 3-32　PLC 类型选择 1

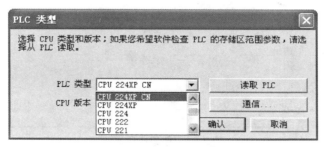

图 3-33　PLC 类型选择 2

⑤ 设置好 PLC 类型后，单击工具栏中的 "![icon]"，对新项目进行保存。在文件名栏填写项目的名称，选择合适的路径对项目进行保存。保存对话框和保存操作分别如图 3-34 和图 3-35 所示。

图 3-34　保存新项目 1

图 3-35　保存新项目 2

⑥ 新建好的项目文件如图 3-36 所示。新建好项目后，即可开始 PLC 程序的编写。

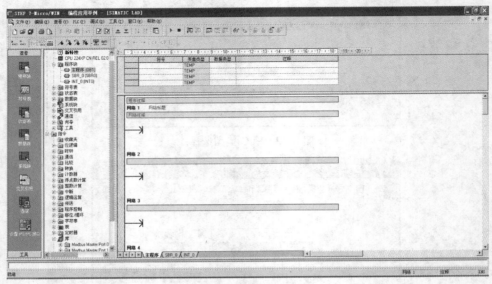

图 3-36　编程应用举例

3. 简单 S7-200PLC 控制程序的编写

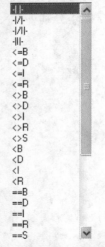

图 3-37　输入软元件选项条

在此编写一段简单的控制程序，其功能为：

● 上电，无任何操作时，Q0.0 输出，Q0.0 指示灯亮。

● 输入点 I0.0 接通，Q0.1 输出，Q0.1 指示灯亮。

● 输入点 I0.1 接通，Q0.1 复位，Q0.1 指示灯灭。

● 输入点 I0.2 接通，Q0.3 输出，Q0.3 指示灯亮。输入点 I0.2 断开，Q0.3 停止输出，Q0.3 指示灯灭。

程序编写操作：

① 新建好项目后，单击快捷工具栏的" ┤├ "或按下 F4 快捷键，出现如图 3-37 所示选项条。

② 选择第一个常开软元件" -┤├- "，按下回车键或单击，即添加一常开软元件于网络，如图 3-38 所示。

③ 单击问号处，输入"SM0.0"，如图 3-39 所示。

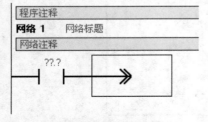

图 3-38　PLC 程序编辑 1

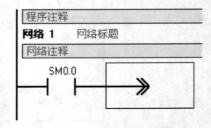

图 3-39　PLC 程序编辑 2

④ 单击快捷工具栏的"-( )"或按下 F6 快捷键，出现如图 3-40 所示选项条。

⑤ 选择第一个常开软元件"**-{ }**"，按下回车键或单击，即添加一输出线圈于网络，如图 3-41 所示。

⑥ 单击问号处，填入"Q0.0"，如图 3-42 所示。

⑦ 按上述方式输入"I0.0"，然后按下 F4 键，选择常闭触点，如图 3-43 所示。

⑧ 选择常闭触点后，在问号处输入"I0.1"，如图 3-44 所示。

⑨ 在网络 2 添加输出 Q0.1，网络 3 添加 I0.2 的常开点，然后在第二列按下 F4 键，输入"p"，出现如图 3-45 所示界面。

图 3-40   输出软元件选项条

⑩ 输入脉冲上升沿检测软元件后，按下 F6 键，再输入"s"，界面如图 3-46 所示。

⑪ 输入后的界面如图 3-47 所示。

⑫ 在上问号处输入"Q0.2"，下问号处输入"1"，如图 3-48 所示。

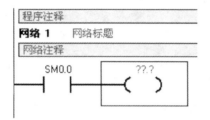

图 3-41   PLC 程序编辑 3

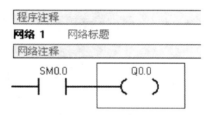

图 3-42   PLC 程序编辑 4

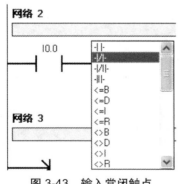

图 3-43   输入常闭触点

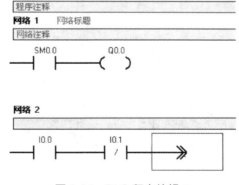

图 3-44   PLC 程序编辑 5

⑬ 在网络 4 处输入"I0.2"，然后按下 F4 键，输入"N"，添加下降沿，如图 3-49 所示。

⑭ 按下 F6，输入"R"，回车，在上问号处输入 Q0.2，下问号处输入"1"，如图 3-50 所示。

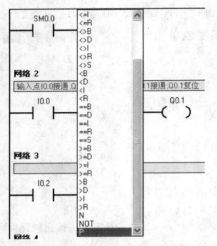

图 3-45　PLC 程序编辑 6

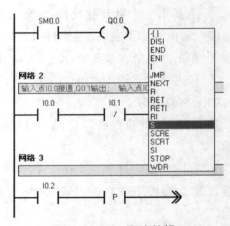

图 3-46　PLC 程序编辑 7

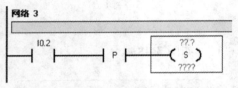

图 3-47　PLC 程序编辑 8

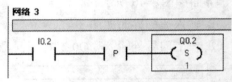

图 3-48　PLC 程序编辑 9

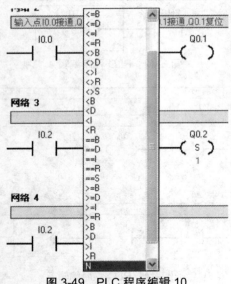

图 3-49　PLC 程序编辑 10

图 3-50　PLC 程序编辑 11

⑮ 在网络中添加备注，如图 3-51 所示。

⑯ 程序录入完毕，完整界面如图 3-52 所示。

⑰ 程序录入完毕后，建立好 PC 与 PLC 的通信，即可通过 PLC 编程电缆将程序下载至 PLC。

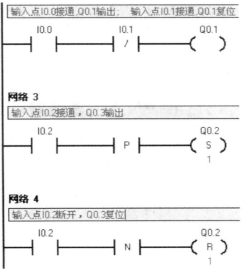

图 3-51 PLC 程序编辑 12

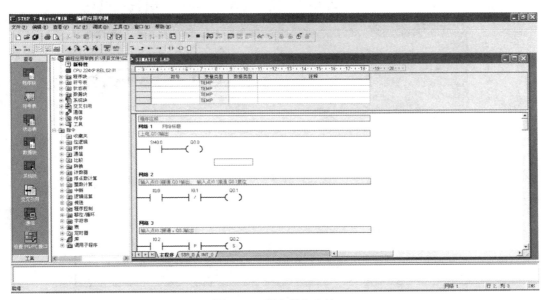

图 3-52 程序录入完毕

在练习程序编写的过程中，可以自己试着使用各种编辑和操作的方法，最后选择一种适合自己的编辑方式。只有通过不断地练习，才能熟练掌握程序编写的技巧。更多的指令及用法请参看《S7-200 可编程序控制器系统手册》。

4. 建立 PC 与 PLC 的通信

① 打开已经编写好的 PLC 程序，将编程电缆连接到 PC 与 PLC，打开系统电源。

② 单击浏览条的"通信"图标，双击对话框的"双击刷新"按钮，开始搜索与 PC 连接的 PLC 站，如图 3-53 所示。

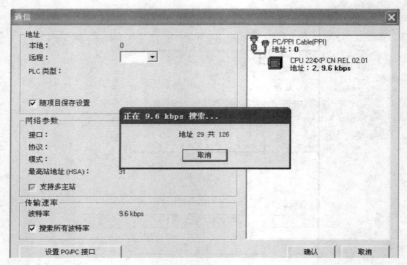

图 3-53　搜索 PLC

③ 搜索完毕后，连接到一个 PLC，单击"确认"按钮，如图 3-54 所示。

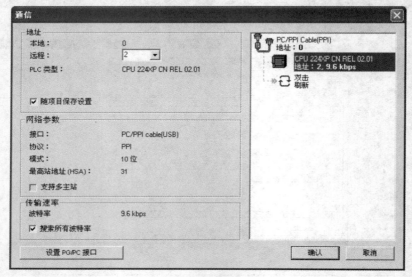

图 3-54　连接成功

5. PLC 程序的下载

① 单击快捷按钮 ▣ ▣，编译程序，确保程序无误，如编译有错误提示，则先对程序进行修正再进行下载。

② 查看西门子 PLC 硬件上模式选择选项，把它拨到"STOP"模式，如图 3-55 所示。

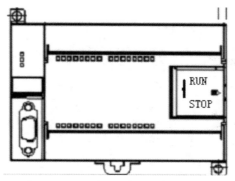

图 3-55　PLC 硬件模式 STOP/RUN

③ 单击工具栏的""，将程序下载至 PLC 中，界面如图 3-56 所示。

④ 下载完毕后，将 PLC 硬件模式切换回"RUN"模式。

⑤ 程序开始运行。

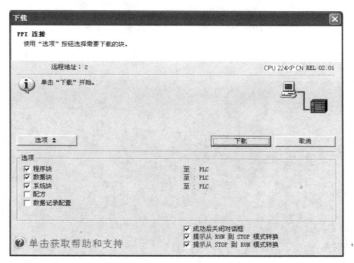

图 3-56　下载 PLC 程序

3.3.2　简单 PEC 6000 PLC 编程

PEC 6000 PLC 的编程采用与 STEP 7-Micro/Win 兼容的编程语言，下面通过编写一个简单的程序，熟悉 PEC 6000 PLC 编程软件的操作以及简单的编程方法。包括常用软元件的编辑、程序分支的增加和删除，从而熟悉 PLC_Config 组态软件的编程风格和方式。

1. 建立新工程文件

① 单击"开始"图标，选择"程序"→"PLC_Config 组态软件 v2.2"→"PLC_Config"，或者双击桌面上的快捷方式图标"PLC_Config"如图 3-57 和图 3-58 所示。

图 3-57　启动 PLC_Config 方式 1

图 3-58　启动 PLC_Config 方式 2

② 打开 PLC_Config 后，启动界面如图 3-59 所示。

图 3-59 PLC_Config 启动界面

③ 在菜单中选择"文件"→"新建工程"命令，或者单击"文件"下面的快捷方式
"🗐"图标，创建新的 PLC 工程文件，如图 3-60 所示。

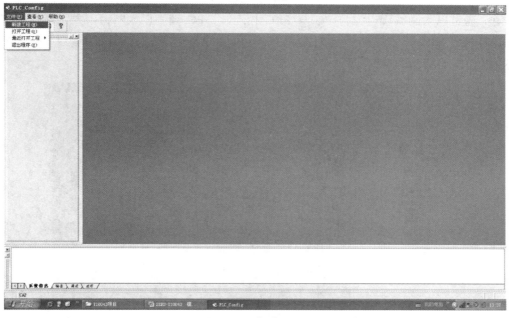

图 3-60 新建工程

④ 出现界面如图 3-61 所示，输入工程文件名，选择文件保存路径，如图 3-62 所示。

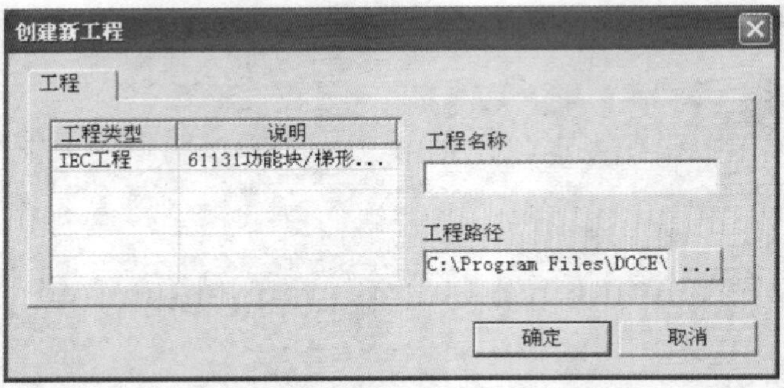

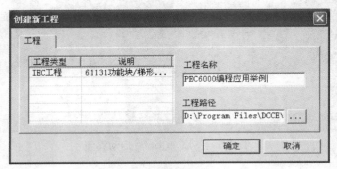

图 3-61　输入工程文件名

图 3-62　选择存储路径

⑤ 单击"确定"按钮，出现如图 3-63 所示界面，至此，新工程文件已经建立。

⑥ 通过以太网编程电缆将 PC 与 PLC 相连接。PC 端为以太网口，大工计控 PLC 端为 4 针快速插头，连接时注意对准插孔，PEC 6000 连接"RX+"、"RX−"、"TX+"、"TX−"处，如图 3-64 所示。

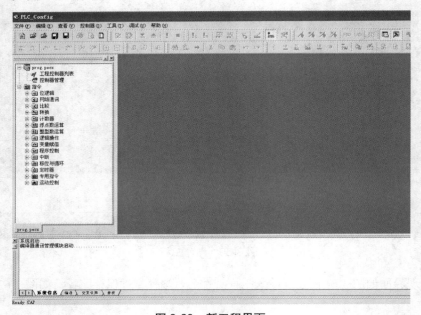

图 3-63　新工程界面

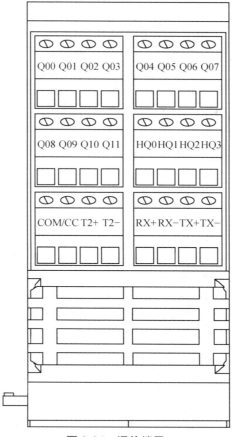

图 3-64　通信端子

然后，双击工程树中的"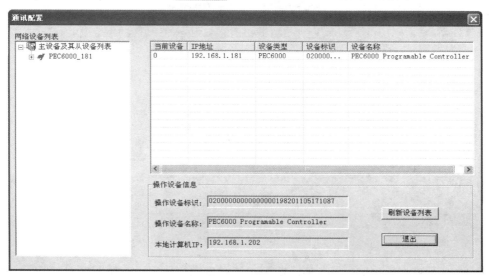通讯配置"，出现如图 3-65 所示的界面。

图 3-65　通信配置

而后，再单击"刷新设备列表"，如果未检测到任何设备，设备列表为空，如图 3-66 所示，出现这种情况时请检查连接电缆的接触情况是否良好；如果检测到该设备，设备信息将出现在设备列表中。

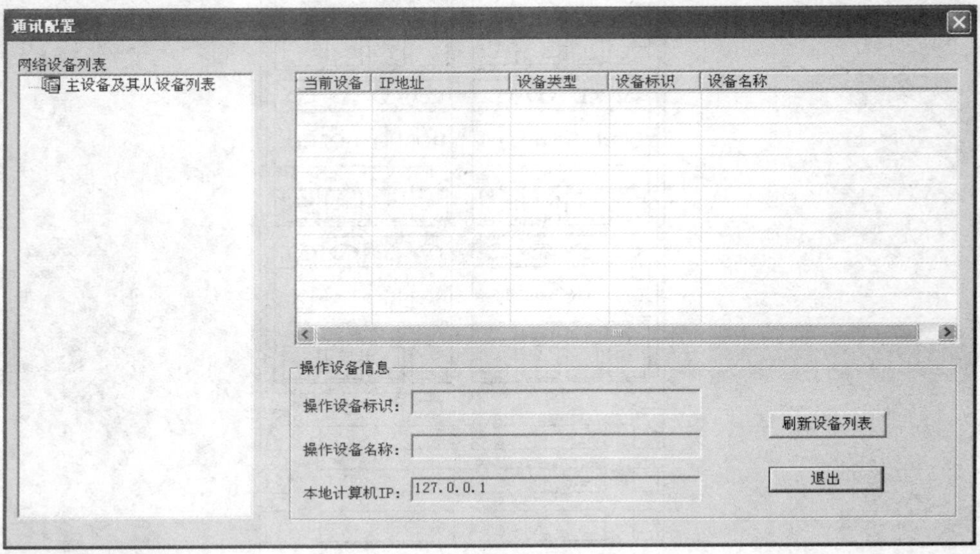

图 3-66　通信不成功

设备上线后，双击设备列表中的"PEC 6000_181"，如图 3-67 所示，可以看到该设备已经添加到了工程里面，在工程树中成高亮显示，此时可以关闭通信配置界面，单击"退出"按钮即可关闭。

图 3-67　设备上线

⑦ 成功添加 PEC 6000 设备后，即可对该设备进行编程了，如图 3-68 所示。设备添加到工程文件里面以后，也可以将编程电缆拔出，采用离线编程方式。

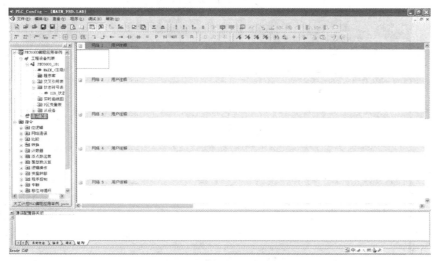

图 3-68　新工程编辑界面

2. 简单 PEC 6000-PLC 控制程序的编写

在此编写一段简单的控制程序，其功能为：

- 上电，无任何操作时，Q0.0 输出，Q0.0 指示灯亮。
- 输入点 I0.1 接通，Q0.1 输出，Q0.1 指示灯亮。
- 输入点 I0.2 接通，Q0.1 复位，Q0.1 指示灯灭。
- 输入点 I0.3 接通，Q0.3 输出，Q0.3 指示灯亮。输入点 I0.3 断开，Q0.3 停止输出，Q0.3 指示灯灭。

编程操作如下：

① 打开编程软件 PLC_Config。

② 单击工具栏中的快捷图标"🖼"，如图 3-69 所示。

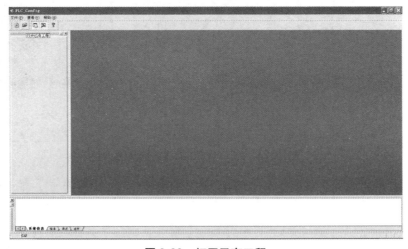

图 3-69　打开已有工程

③ 选择上一节中已经建立的工程文件"PEC6000 编程应用举例",如图 3-70 所示。

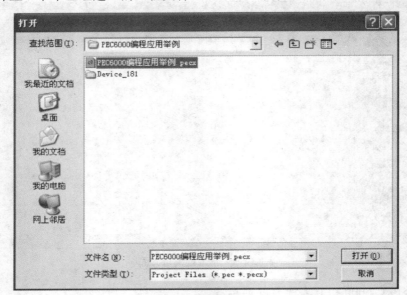

图 3-70 选择已有工程

④ 单击"打开",出现如图 3-71 所示的编程界面。

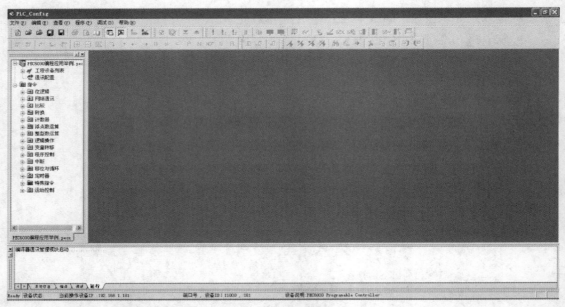

图 3-71 PEC 6000 编程应用举例

⑤ 双击工程树中的"MAIN_主程序块",程序界面如图 3-72 所示,下面就可以进行程序的编辑了。

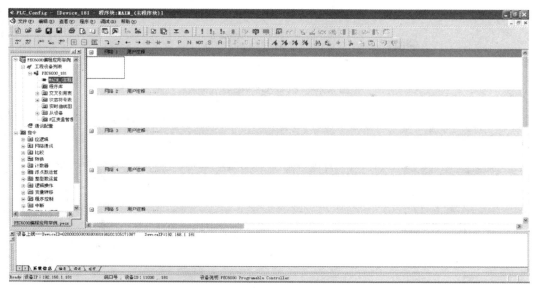

图 3-72　PEC 6000 编程应用举例编辑界面 1

⑥ 单击快捷工具栏中的"┤├"图标，输入"sm0.0"，如图 3-73 所示。

⑦ 按下回车键或在程序编辑区任意地方单击，完成第一个软元件的添加。"SM0.0"为常通节点，上电后始终接通，属于特殊软元件。更多软元件的详细描述可以参考"帮助"文档，打开方式如图 3-74 所示。

图 3-73　PEC 6000 编程应用举例编辑界面 2

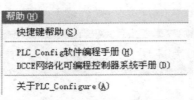

图 3-74　PLC_Config 软件帮助

⑧ 将光标移到网络 1 第二列的位置，单击快捷工具栏中的" 二 "图标，输入"Q0.0"，如图 3-75 所示。

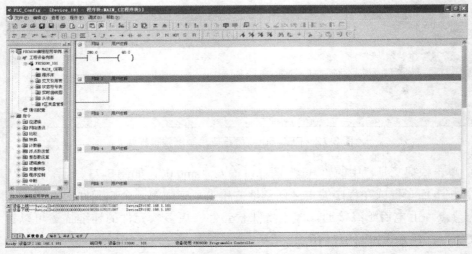

图 3-75　PEC 6000 编程应用举例编辑界面 3

⑨ 将光标移到网络 2 编程位置，单击快捷工具栏中的" ⊣⊢ "图标，输入"sm0.0"，或者光标选择网络 1 的"sm0.0"，按下"Ctrl+C"进行复制，然后在网络 2 第一列处按下"Ctrl+V"进行粘贴，如图 3-76 所示。

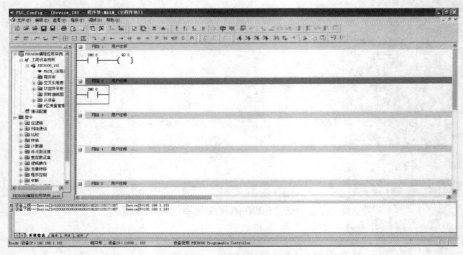

图 3-76　PEC 6000 编程应用举例编辑界面 4

⑩ 将光标移至网络 2 第二列位置，单击快捷工具栏中的"┤├"图标，输入 "I0.0"，如图 3-77 所示。

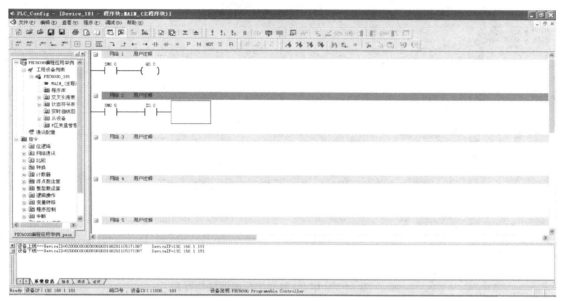

图 3-77　PEC 6000 编程应用举例编辑界面 5

⑪ 将光标移至网络 2 第三列位置，单击快捷工具栏中的" S "，在上方问号处输入 "Q0.1"，下方问号处输入"1"，如图 3-78 所示。

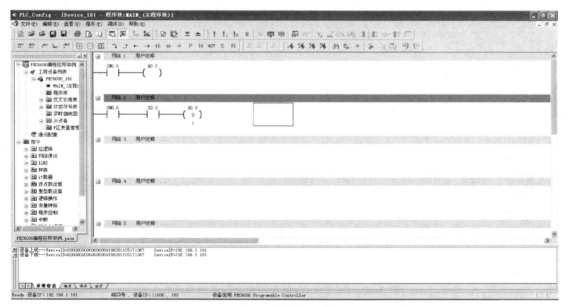

图 3-78　PEC 6000 编程应用举例编辑界面 6

⑫ 将光标移至网络 2 第一列，单击快捷工具栏中的"┒"图标，或按下"Ctrl+

↓"组合键，给网络 2 程序添加分支，界面如图 3-79 所示。

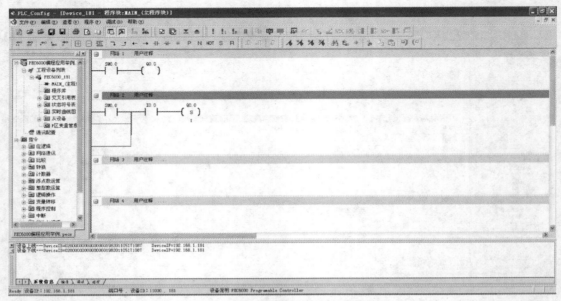

图 3-79　PEC 6000 编程应用举例编辑界面 7

⑬ 将光标移至网络 2 第二行第二列，单击快捷工具栏中的 " ⊣⊢ " 图标，输入 "I0.1"，如图 3-80 所示。

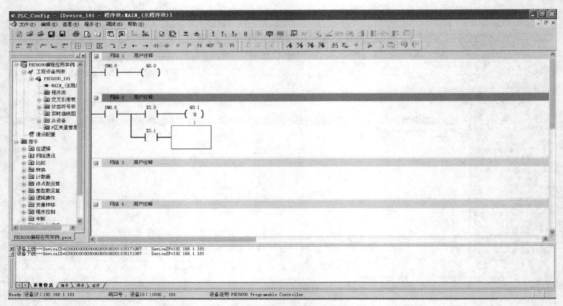

图 3-80　PEC 6000 编程应用举例编辑界面 8

⑭ 在图 3-81 所示光标处单击快捷工具栏中的 " R "，输入 "Q0.1" 和 "1"。

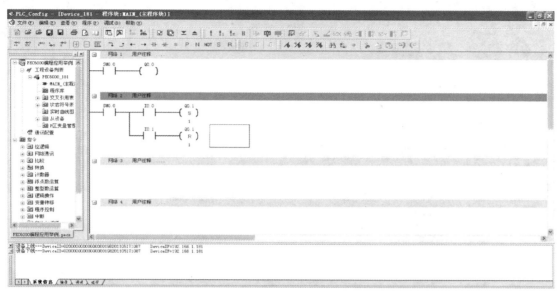

图 3-81　PEC 6000 编程应用举例编辑界面 9

⑮ 将光标移至网络 3 第一列，单击快捷工具栏中的"⊣⊢"图标，输入"I0.2"，如图 3-82 所示。

⑯ 将光标移至网络 3 第二列，单击快捷工具栏中的"＝"图标，输入"Q0.2"，程序编辑界面变成如图 3-83 所示。

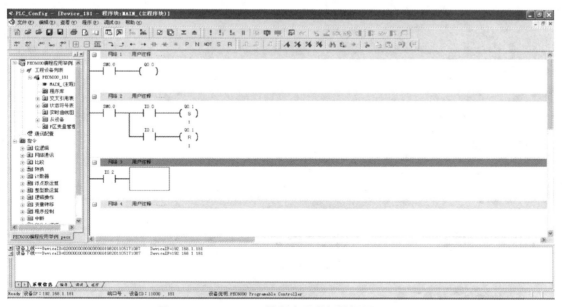

图 3-82　PEC 6000 编程应用举例编辑界面 10

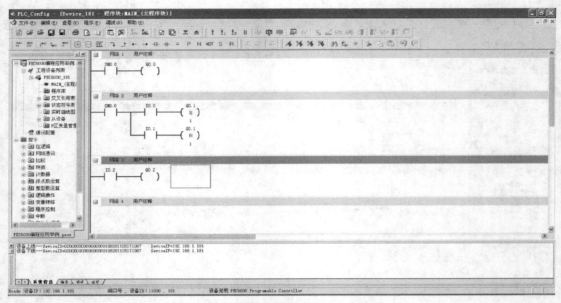

图 3-83   PEC 6000 编程应用举例编辑界面 11

⑰ 程序编辑完毕，单击快捷工具栏中的"▨"图标对程序进行编译，编译完成界面如图 3-84 所示，编译完毕单击"▤"对工程文件进行保存。

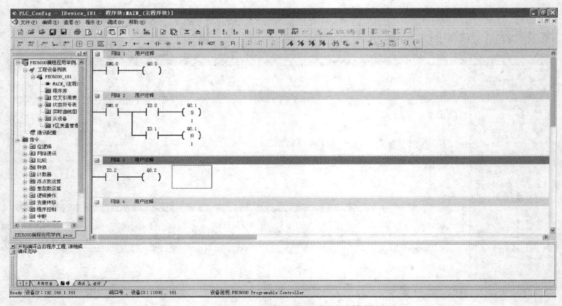

图 3-84   PEC 6000 编程应用举例编辑界面 12

3. PEC 6000 程序下载

① 按前文所述的方法打开已经编写好的 PLC 程序，程序界面如图 3-85 所示，用编程电缆连接 PC 与 PEC 6000，打开系统电源。

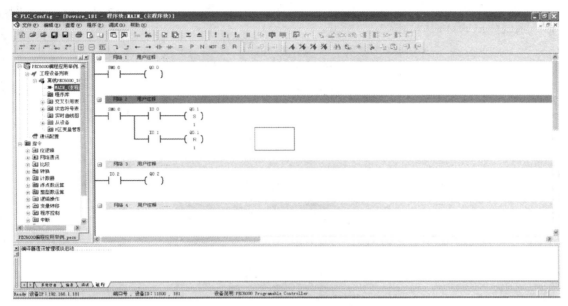

图 3-85 程序界面

② 双击工程树中的"通讯配置",弹出如图 3-86 所示的界面。单击"刷新设备列表",当检测到设备后设备将出现在设备列表中,可以看到设备类型为 PEC 6000,设备 IP 地址为 192.168.1.181,本地计算机 IP 地址为 200.200.200.191。我们可以发现设备 IP 地址和本地计算机 IP 地址不在同一网段,此时我们需要修改计算机的 IP 地址。这里我们将计算机的 IP 地址改为 192.168.1.202,如图 3-86 所示,此时 PEC 6000 已经和计算机建立了连接。

图 3-86 通信连接建立

③ 在前面已经对程序进行编译，确保程序无误。此时单击快速工具栏的"⛁"图标，系统弹出的对话框如图 3-87 所示。

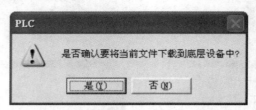

图 3-87 PEC 6000 程序下载 1

④ 单击"是"按钮，弹出提示对话框如图 3-88 所示。

图 3-88 PEC 6000 程序下载 2

⑤ 继续单击"是"按钮，程序开始下载，如图 3-89 所示。在此过程中请不要断开电源，并保持 PC 与 PEC 6000 的连接。

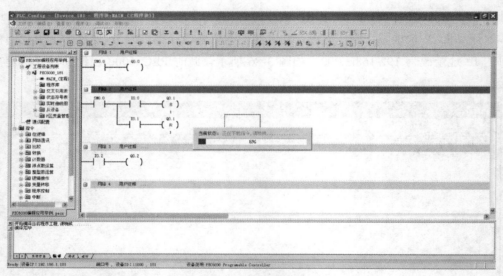

图 3-89 PEC 6000 程序下载 3

图 3-90 PEC 6000 程序下载 4

⑥ 程序下载完毕，系统弹出的提示框如图 3-90 所示。

⑦ 点击工具栏菜单中的监控图标 🖼，即可看到程序具体的运行结果。

⑧ PEC 6000 程序下载完成，设备进入运行状态，可断开 PC 与 PEC 6000 的连接。

3.4　任务 4——模块化机器人控制系统的总线接口及通信编程

3.4.1　现场总线的认识

现场总线是指安装在制造或过程区域的现场装置与控制室内的自动装置之间的数字式、串行、多点通信的数据总线。它是一种工业数据总线，是自动化领域中底层数据通信网络。现场总线以数字通信替代了传统 4~20mA 模拟信号及普通开关量信号的传输，是连接智能现场设备和自动化系统的全数字、双向、多站的通信系统。现场总线主要解决工业现场的智能化仪器仪表、控制器、执行机构等现场设备间的数字通信以及这些现场控制设备和高级控制系统之间的信息传递问题。现场总线信息传递示意图如图 3-91 所示。

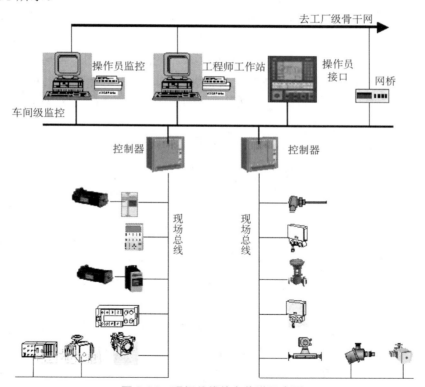

图 3-91　现场总线信息传递示意图

不同的机构和不同的人可能对现场总线有着不同的定义，不过通常情况下，大家公认现场总线具有以下五个方面的特征：

（1）现场总线通信网络

用于过程自动化和制造自动化的现场设备或现场仪表互联的现场通信网络。

（2）现场总线设备互联

依据实际需要使用不同的传输介质把不同的现场设备或者现场仪表相互关联。

（3）现场总线互操作性

用户可以根据自身的需求选择不同厂家或不同型号的产品构成所需的控制回路，从而可以自由地集成 FCS（Fieldbus Control System）。

（4）现场总线通信线供电

通信线供电方式允许现场仪表直接从通信总线上获取能量，这种方式有利于低功耗现场仪表的组网和系统集成。

（5）现场总线开放式互联网

现场总线为开放式互联网络，既可以与同层网络互联，也可与不同层网络互联，还可以实现网络数据库的共享。

由以上内容我们可以看到，现场总线体现了分布、开放、互联、高可靠性的特点。FCS 则采取一对多双向传输信号，采用的数字信号精度高、可靠性强，设备也始终处于操作员的远程监控和可控状态，用户可以自由按需选择不同品牌种类的设备互联，智能仪表具有通信、控制和运算等丰富的功能，而且控制功能分散到各个智能仪表中去。

也正是由于 FCS 的以上特点使得其在设计、安装、投运到正常生产都具有很大的优越性：首先由于分散在前端的智能设备能执行较为复杂的任务，不再需要单独的控制器、计算单元等，节省了硬件投资和使用面积；FCS 的接线较为简单，而且一条传输线可以挂接多个设备，大大节约了安装费用；由于现场控制设备往往具有自诊断功能，并能将故障信息发送至控制室，减轻了维护工作；同时，由于用户拥有高度的系统集成自主权，可以比较灵活选择合适的厂家产品；整体系统的可靠性和准确性也大为提高。这一切都帮助用户实现了减低安装、使用、维护的成本，最终达到增加利润的目的。

世界上存在着大约四十余种现场总线，如德国西门子公司 Siemens 的 ProfiBus，RoberBosch 公司的 CAN，ModBus 等。这些现场总线大都用于过程自动化、医药、加工制造、交通运输、国防、航天、农业和楼宇等领域，大概不到十种的总线占有 80%左右的市场。工业上常见的是 RS-485/ModBus 总线网络。

RS-485/ModBus 是现在流行的一种工业组网方式，其特点是实施简单方便，而且支持 RS-485 的仪表又特别多。仪表商也纷纷转而支持 RS-485/ModBus，原因很简单，RS-485 的转换接口不仅便宜而且种类繁多。至少在低端市场上，RS-485/ModBus 仍将是最主要的工业组网方式。

3.4.2　串口通信的基本概念

串口是计算机上一种非常通用设备通信端口（不要与通用串行总线 Universal Serial

Bus 或者 USB 混淆），是由电子工业协会（Electronic Industries Association，EIA）所制定的异步传输标准接口。串口通信的概念非常简单，串口按位（bit）发送和接收字节。尽管比按字节（Byte）的并行通信慢，但是串口可以在使用一根线发送数据的同时用另一根线接收数据。它很简单并且能够实现远距离通信。

RS-232（ANSI/EIA-232 标准）是 IBM-PC 及其兼容机上的串行连接标准。可用于许多用途，比如连接鼠标、打印机或者 MODEM，同时也可以接工业仪器仪表，用于驱动和连线的改进。大多数计算机包含两个基于 RS-232 的串口。通常 RS-232 接口以 9 个引脚

图 3-92　9 针串口接口实物

（DB-9）（接口实物和串口通信示意图分别如图 3-92 和图 3-93 所示）或是 25 个引脚（DB-25）的型态出现，一般个人计算机上会有两组 RS-232 接口，分别称为 COM1 和 COM2。但 RS-232 只限于 PC 串口和设备间点对点的通信。RS-232 串口通信最远距离是 50 英尺（即 15.24m）。

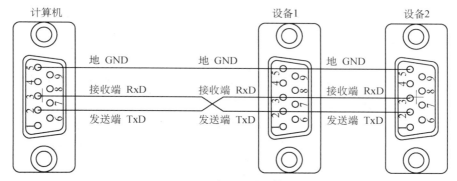

图 3-93　串口通信示意图

典型地，串口用于 ASCII 码字符的传输。通常 RS-232 串口通信可以简化地使用 3 根线完成：地线（GND）、数据发送（TxD）、数据接收（RxD）。由于串口通信是异步的，端口能够在一根线上发送数据同时在另一根线上接收数据。串口通信最重要的参数是波特率、数据位、停止位和奇偶校验。对于两个进行通信的端口，以下参数必须匹配。

① 波特率：这是一个衡量通信速度的参数。它表示每秒钟传送的 bit 的个数。例如 300 波特率表示每秒钟发送 300 个 bit。当我们提到时钟周期时，我们就是指波特率。例如协议需要 4800 波特率，那么时钟频率是 4800Hz。这意味着串口通信在数据线上的采样频率为 4800Hz。通常电话线的波特率为 14400、28800 和 36600。波特率可以远远大于这些值，但是波特率和距离成反比。高波特率常常用于放置很近的仪器间的通信，典型的例子就是 GPIB 设备的通信。

② 数据位：这是衡量通信中实际数据位的参数。当计算机发送一个信息包，实际的数据不会是 8 位的，标准的值是 5、7 和 8 位。如何设置取决于你想传送的信息。比如，标准的 ASCII 码是 0～127（7 位），扩展的 ASCII 码是 0～255（8 位）。如果数据使用简

单的文本（标准 ASCII 码），那么每个数据包使用 7 位数据。每个包是指一个字节，包括开始/停止位、数据位和奇偶校验位。由于实际数据位取决于通信协议的选取，术语"包"指任何通信的情况。

③ 停止位：用于表示单个包的最后一位。典型的值为 1、1.5 和 2 位。由于数据是在传输线上定时的，并且每一个设备有其自己的时钟，很可能在通信中两台设备间出现了小小的不同步。因此停止位不仅仅是表示传输的结束，并且提供计算机校正时钟同步的机会。适用于停止位的位数越多，不同时钟同步的容忍程度越大，但是数据传输率同时也越慢。

④ 奇偶校验位：在串口通信中一种简单的检错方式。有四种检错方式——偶、奇、高和低。当然没有校验位也是可以的。对于偶和奇校验的情况，串口会设置校验位（数据位后面的一位），用一个值确保传输的数据有偶个或者奇个逻辑高位。例如，如果数据是011，那么对于偶校验，校验位为 0，保证逻辑高的位数是偶数个。如果是奇校验，校验位为 1，这样就有 3 个逻辑高位。高位和低位不真正地检查数据，简单置位逻辑高或者逻辑低校验。这样使得接收设备能够知道一个位的状态，有机会判断是否有噪声干扰了通信，或者传输和接收数据是否不同步。

智能仪表是随着 20 世纪 80 年代初单片机技术的成熟而发展起来的，现在世界仪表市场基本被智能仪表所垄断。究其原因就是企业信息化的需要，企业在仪表选型时其中的一个必要条件就是要具有联网通信接口。最初是数据模拟信号输出简单过程量，后来仪表接口是 RS-232 接口，这种接口可以实现点对点的通信方式，但这种方式不能实现联网功能，随后出现的 RS-485 解决了这个问题。RS-422 使用差分信号（见图 3-94），RS-232 使用非平衡参考地信号。差分传输使用两根线发送和接收信号，采用差分信号负逻辑，逻辑"1"以两线间的电压差为+（2~6）V 表示；逻辑"0"以两线间的电压差为-（2~6）V 表示。接口信号电平比 RS-232-C 降低了，就不易损坏接口电路的芯片，且该电平与 TTL 电平兼容，可方便与 TTL 电路连接，对比 RS-232，它能更好地抵抗噪声和有更远的传输距离。在工业环境中更好的抗噪性和更远的传输距离是一个很大的优点。

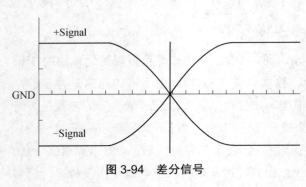

图 3-94　差分信号

3.4.3　ModBus 通信协议的认识

典型的串行通信标准是 RS-232 和 RS-485，它们定义了电压、阻抗等，但不对软件协议给予定义。ModBus 是应用层报文传输协议，它在连接至不同类型总线或网络的设备之间提供客户机/服务器通信。自从 1979 年施耐德电气提出这个串行传输协议以来，

ModBus 在自动化设备通信领域得到广泛的应用。为了更好普及和推动 ModBus 在基于以太网的分布式应用，目前施耐德公司已将 ModBus 协议的所有权移交给 IDA（Interface for Distributed Automation，分布式自动化接口）组织，并成立了 ModBus-IDA 组织，为 ModBus 今后的发展奠定基础。ModBus 网络体系结构如图 3-95 所示，此协议支持传统的 RS-232、RS-422、RS-485 和以太网设备，许多工业设备，包括 PLC、嵌入式控制器、智能仪表等都在使用 ModBus 协议作为它们之间的通信标准。每种设备（PLC、HMI、控制面板、驱动程序、动作控制、输入/输出设备）都能使用 ModBus 协议来启动远程操作。在基于串行链路和以太 TCP/IP 网络的 ModBus 上可以进行相同通信。一些网关还允许在几种使用 ModBus 协议的总线或网络之间进行通信。

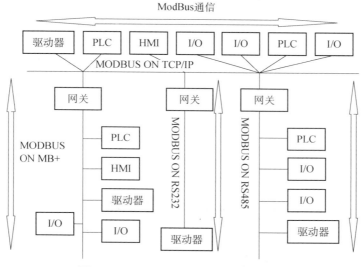

图 3-95 ModBus 网络体系结构的实例

ModBus 网络只有一个主机，所有的通信都由它发出，网络可支持多达 247 个的远程从属控制器。ModBus 采用查询应答的消息交流传输，查询消息中的功能代码告之被选中的从设备要执行何种功能。数据段包含了从设备要执行功能的任何附加信息。当在 ModBus 网络上通信时，此协议决定了每个控制器须要知道它们的设备地址，识别按地址发来的消息，决定要产生何种行动。如果需要回应，控制器将生成反馈信息并用 ModBus 协议发出。在其他网络上，包含了 ModBus 协议的消息转换为在此网络上使用的帧或包结构。这种转换也扩展了根据具体的网络解决节地址、路由器路径及错误检测的方法。

为便于理解，如果将 ModBus 通信理解为从主站开往某地运输货物的火车，RS-232、RS-485、RS-422 以及以太网等相当于连接两地之间的各种宽窄不同的铁轨，而 ModBus 协议中的帧结构或数据包可以理解为铁轨上面跑着的火车。主站发出的每个帧结构由地址域、功能码、数据和差错校验四个部分组成。即火车基本上由图 3-96 所示的 4 节车厢组成，地址域车厢可以理解为主站开出的火车需要开往的目的地地址信息，功能码车厢是告诉目的地车站需要执行何种功能的操作，而数据车厢可以理解执行功能操作时需要的相关数据的支持，最后的差错校验车厢相当于对相关的传输数据进行检查核对。而目的地火车站根据主站的功能码进行操作，操作完成后将对应的数据送回主站。

如在一个远程设备中，假设不考虑数据的差错校验，主站请求读从站寄存器 108～110 的实例，ModBus 通信帧见表 3-9，下面进行说明：使用 03 功能码读取保持寄存器连续块的内容。主站请求的帧结构说明了从站的地址和从站需要进行的操作起始寄存器地址和所要操作的寄存器数量。对于每个寄存器，第一个字节包括高位比特，第二个字节包括低位比特。

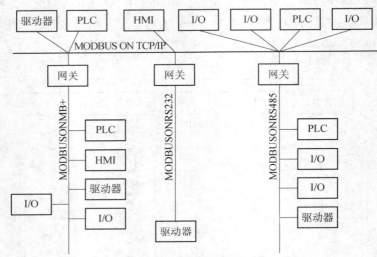

图 3-96 ModBus 网络体系结构的实例

还是用火车的示例进行解释，火车从主站开出，目的地址为 01 号从站，其操作的功能代码为 03，如果把寄存器看作仓库的话，那么读寄存器的 03 功能操作可以理解为到目的站的起始仓库 108（对应 16 进制的 006B）开始连续搬运 3（对应 0003）个仓库的货物，并运回主站。那么火车的返回值为对应的功能号和具体 108 到 110 仓库的内容。其中108 仓库的值为 002B，109 仓库的内容为 0000，110 仓库的内容为 0064。

表 3-9 ModBus 通信帧

请求		（十六进制）	响应	（十六进制）
地址域		02		
功能码		03	功能码	03
数据	起始地址的高位	00	寄存器值 Hi（108）	00
	起始地址的低位	6B	寄存器值 Lo（108）	2B
	读取数目的高位	00	寄存器值 Hi（109）	00
	读取数目的低位	03	数据 寄存器值 Lo（109）	00
			寄存器值 Hi（110）	00
			寄存器值 Lo（110）	64

3.4.4　以 S7-200 为主从的 ModBus 通信及实例分析

STEP-Micro/Win 指令库通过包括预组态的子程序和专门设计用于 ModBus 通信的例行程序，将上述的 ModBus 协议做了封装，使 ModBus 主站和从站设备的通信变得更简单。S7-200 CPU 存在两个串口通信端口，分别为 Port0 和 Port1。相应的 ModBus 主站协议库有两个版本，一个版本使用 CPU 的端口 Port0，另一个版本使用 CPU 的端口 Port1。端口 1 库在子程序名称后附加了一个_P1（例如，MBUS_CTRL_P1），用于指示使用 CPU 上的端口 Port1。两个 ModBus 主站库在所有其他方面均完全相同。需要注意的是 ModBus 从站库仅支持端口 Port0 通信。所以 ModBus 的主站可以接 Port0 口也可以接 Port1 口，只是调用子程序时需要对应起来。而 ModBus 的从站只能用 Port0 口。当 CPU 端口用于 ModBus 主站协议通信时，它无法用于其他用途，包括与主机上的 STEP 7-Micro/Win 通信。可以通过 MBUS_CTRL 指令控制 Port0 的设定是 ModBus 主站协议还是 PPI 协议。MBUS_CTRL_P1 指令（来自端口 1 库）控制将端口 Port1 设定为 ModBus 主站协议或 PPI。

ModBus 主从接线方式如图 3-97 所示，1 个为主站，1 个为从站，两个 CPU 的通信口 Port 0 通过双绞线缆进行连接（电缆的针脚连接为 3，3，8，8，见图 3-93）。另外，需要确定逻辑地 M 相连。而 Port1 端分别连接对应的 STEP 7-Micro/Win 开发计算机端。

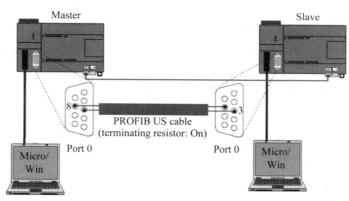

图 3-97　ModBus 主从接线方式

对于 ModBus 通信，S7-200 主站侧需要程序库"MBUS_CTRL"和"MBUS_MSG"。如果您安装了 STEP 7-Micro/Win V4.0 SP5 或者更高版本，那么操作库中就会包含如图 3-98 所示的下列函数：

ModBus RTU Master V1.2　对应端口 0 和端口 1；

ModBus RTU Slave V1.0　对应端口 0。

ModBus 主站寻址：ModBus 主站指令可将地址映射到正确功能，然后发送至从站设备。ModBus 主站指令支持下列 ModBus 地址：

● 00001～09999　离散输出（线圈）；

- 10001～19999   离散输入（触点）；
- 30001～39999   输入寄存器（通常是模拟量输入）；
- 40001～49999   保持寄存器。

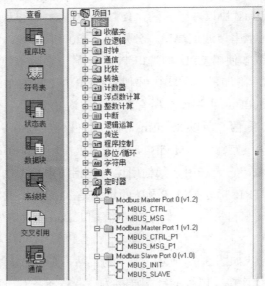

图 3-98   S7-200 ModBus 工程库

所有 ModBus 地址都是基于 1，即从地址 1 开始第一个数据值。有效地址范围取决于从站设备。不同的从站设备将支持不同的数据类型和地址范围。

ModBus 从站寻址：ModBus 主站设备将地址映射到正确功能。ModBus 从站指令支持以下地址：

- 00001～00128   实际输出，对应于 Q0.0～Q15.7；
- 10001～10128   实际输入，对应于 I0.0～I15.7；
- 30001～30032   模拟输入寄存器，对应于 AIW0～AIW62；
- 40001～04XXXX   保持寄存器，对应于 V 区。

所有 ModBus 地址都是从一开始编号的。表 3-10 所列为 ModBus 地址与 S7-200 地址的对应关系。ModBus 从站协议允许用户对 ModBus 主站可访问的输入、输出、模拟输入和对保持寄存器（V 区）的数量进行限定。

表 3-10   ModBus 地址与 S7-200 地址对应关系

Modbus 地址	S7-200 地址
00001	Q0.0
00002	Q0.1
00003	Q0.2
...	...
00127	Q15.6
00128	Q15.7

（续表）

Modbus 地址	S7-200 地址
10001	I0.0
10002	I0.1
10003	I0.2
…	…
10127	I15.6
10128	I15.7
30001	AIW0
30002	AIW2
30003	AIW4
…	…
30032	AIW62
400001	HoldStart
40002	HoldStart+2
40003	HoldStart+4
…	…
4xxxx	HoldStart+2　x（xxxx−1）

1. 基于 S7-200 的 ModBus 主站建立

下面介绍使用 ModBus 主站指令建立主站。

（1）MBUS_CTRL 指令（初始化主站指令，见图 3-99）

使用 S7-200 端口 0 的 MBUS_CTRL 指令（或端口 1 的 MBUS_CTRL_P1 指令）来初始化、监控或禁用 ModBus 通信。MBUS_CTRL 指令必须无错误地执行，然后才能够使用 MBUS_MSG 指令。在继续下一步指令之前，完成当前的指令并立即设置 Done 位。在 EN 输入接通时，每次扫描都将执行此指令。

由 Mode 输入值选择通信协议。输入值 1 将 CPU 端口分配给 ModBus 协议并启用协议；输入值 0 将 CPU 端口分配给 PPI 系统协议并禁用 ModBus 协议。

Baud 波特率设置值应该主从站一致。

将 Parity 参数的奇偶性设置为与 ModBus 从站设备的相匹配，所有设置均使用一个起始位和一个停止位。允许的值为：

- 0——无校验；
- 1——奇校验；
- 2——偶校验。

参数 Timeout 可设置为毫秒级数字，以等待来自从站的响应。Timeout 数值可设置为

1～32767ms 之间的任意一个值。典型的数值为 1000ms（1s）。应该将参数 Timeout 设置成足够大的值，这样在选定的波特率下，从站设备就有时间做出响应。

　　Timeout 参数用于确定 ModBus 从站设备是否正在对请求做出响应。Timeout 数值可确定在发出请求的最后一个字符后 ModBus 主站等待响应的第一个字符的时间。如果在 Timeout 时间内至少接收到一个响应字符，ModBus 主站将接收 ModBus 从站设备的整个响应。

　　当 MBUS_CTRL 指令完成时，Done 输出接通。

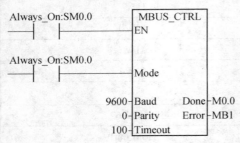

参数	意义	选项
EN	使能	
Mode	协议选择	0=PPI, 1=MODBUS
Baud	传输速率 kbps	1200, 2400, 4800, 9600, 19200, 38400, 57600, 115200
Parity	校验选择	0=无校验, 1=奇校验, 2=偶校验
Timeout	从站的最长响应时间 ms	
Done	"完成"标志位	
Error	错误代码	[1]

图 3-99　　MBUS_CTRL 指令

　　（2）MBUS_MSG 指令（见图 3-100）

　　MBUS_MSG 指令（或对端口 1 使用 MBUS_MSG_P1）用于启动到 ModBus 从站的请求，并处理响应。当 EN 输入和第一个输入均为接通时，MBUS_MSG 指令启动到 ModBus 从站的请求。发送请求、等待响应和处理响应通常要求多个扫描。EN 输入必须接通才能启用发送请求，并应在 Done 位置位之前保持接通。需要注意的是，一次只能有一个 MBUS_MSG 指令处于活动状态。如果启用了一个以上 MBUS_MSG 指令，则将处理第一个 MBUS_MSG 指令，所有后续 MBUS_MSG 指令将被中止，并输出错误代码 6。只有在发送一个新请求时，参数 First 才接通一个扫描周期。First 输入应通过一个边沿检测元件接通（即正边沿），这将一次发送请求。

　　参数 Slave 是 ModBus 从站设备的地址。S7-200 ModBus 从站库允许范围是 1～247。参数 RW 指定是否读或写该消息。RW 允许使用下列两个数值：

- 0——读；
- 1——写。

离散输出（线圈）和保持寄存器支持读写请求。离散输入（触点）和输入寄存器仅支持读请求。参数 Addr 是 ModBus 起始地址，允许使用下列数值范围：

- 00001～09999　用于离散输出（线圈）；
- 10001～19999　用于离散输入（触点）；
- 30001～39999　用于输入寄存器；
- 40001～49999　用于保持寄存器。

Addr 的特定数值范围基于 ModBus 从站设备支持的地址。

参数 Count 指定要在该请求中读或写的数据元素数目。对位数据类型而言，Count 是位数，对字数据类型而言，Count 是字数。

- 地址 0xxxx Count　要读或写的位数；
- 地址 1xxxx Count　要读的位数；
- 地址 3xxxx Count　要读的输入寄存器字数；
- 地址 4xxxx Count　要读或写的保持寄存器字数。

MBUS_MSG 指令将读或写最多 120 个字或 1920 位（240 字节的数据）。Count 的实际限制将取决于 ModBus 从站设备的限制。参数 DataPtr 是一个间接地址指针，该指针指向 S7-200 CPU 中与读或写请求相关的数据的 V 存储器。对于读请求，DataPtr 应指向用于存储从 ModBus 从站读取的数据的第一个 CPU 存储位置。对于写请求，DataPtr 应指向要发送至 ModBus 从站的数据的第一个 CPU 存储位置。

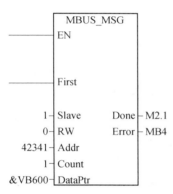

参数	意义	选项
EN	使能	
First	读写请求位	
Slave	从站地址	
RW	"读" 或 "写"	0=读, 1=写
Addr	读写从站的数据地址	0 .. 128 = 数字量输出 Q0.0 .. Q15.7 1001 .. 10128 = 数字量输入 I0.0 .. I15.7 30001 .. 30092 = 模拟量输入 AIW0 .. AIW62 40001 .. 49999 = 保持寄存器 2
Count	位或字的个数 (0xxxx, 1xxxx) / words (3xxxx, 4xxxx)	
DataPtr	V 存储区起始地址指针	
Done	"完成" 标志位	
Error	错误代码	(1)

图 3-100　MBUS_MSG 指令

2. 基于 S7-200 的从站建立

（1）MBUS_INIT 指令（初始化从站）

MBUS_INIT 指令（见图 3-101）用于使能和初始化或禁止 ModBus 通信。MBUS_INIT 指令必须执行完并且 Done 位被立即置位。当 EN 输入为接通时，指令在每次扫描时都执行。MBUS_INIT 指令应该在每次通信状态改变时只执行一次。因此，EN 输入端应使用边沿检测元素以脉冲触发，或者只在第一个循环周期内执行一次。

由模式输入值选择通信协议：输入值为 1 时，将端口 0 分配给 ModBus 协议，并启用该协议；输入值为 0 时，将端口 0 分配给 PPI，并禁止 ModBus 协议。

参数 Baud 将波特率设为 1200、2400、4800、9600、19200、38400、57600 或 115200，并且和主站一致。S7-200 CPU 的 V1.2 或更高版本支持波特率 57600 和 115200。

参数 Addr 设置地址，其数值在 1～247 之间。

参数 Parity 用于设置校验使之与 ModBus 主站相配匹。所有设置使用一个停止位，可接受值为：

- 0——无校验；
- 1——奇校验；
- 2——偶校验。

参数 Delay 通过为标准 ModBus 信息超时增加指定数量的毫秒，Delay 的数值可以是 0～32767ms，一般选为 0ms。

参数 MaxIQ 将 ModBus 地址 0xxxx 和 1xxxx 可用的 I 和 Q 点数设为一个 0～128 之间的数值。数值为 0 时，禁止输入和输出的所有读和写操作。建议 MaxIQ 的取值为 128，即允许访问 S7-200 的所有 I 点和 Q 点。

参数 MaxAI 将 ModBus 地址 3xxxx 可用的字输入（AI）数目设为一个 0～32 之间的数值。数值为 0 时，禁止读模拟量输入。要允许访问所有的 S7-200 模拟输入，MaxAI 的建议值如下：

- CPU221 为 0；
- CPU222 为 16；
- CPU224、CPU224XP 和 CPU226 为 32。

参数 MaxHold 设置可以使用的 V 区字保持寄存器的个数，相应于 ModBus 地址 4xxxx。例如，要允许主站访问 2000 字节的 V 存储区，则设置 MaxHold 为 1000 字（保持寄存器）。

参数 HoldStart 是 V 存储区的保持寄存器的起始地址，通常设为 VB0，所以参数 HoldStart 设为&VB0（VB0 的地址）。也可以将其他的 V 区地址指定为保持寄存器的起始地址，以便使 VB0 可以在项目中用作其他目的。ModBus 主站可以访问起始地址为 HoldStart，字数为 MaxHold 的 V 存储区。

当 MBUS_INIT 指令完成时，Done 输出接通。Error 输出字节包含指令执行的结果。

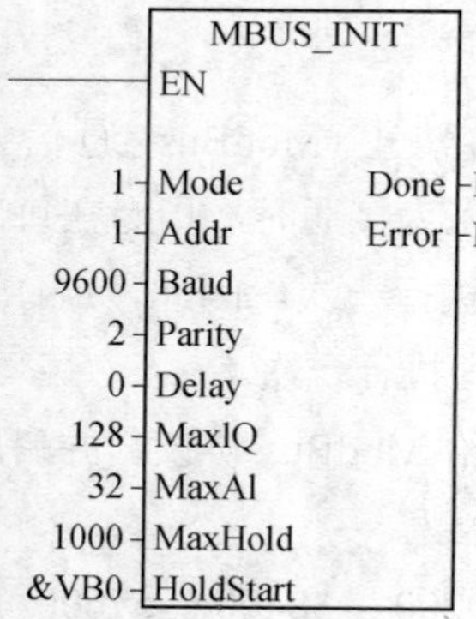

参数	意义	选项
EN	使能	
Mode	协议选择	0=PPI, 1=MODBUS
Addr	从站地址	
Baud	传输速率 kbps	1200, 2400, 4800, 9600, 19200, 38400, 57600, 115200
Parity	奇偶校验	0=无校验, 1=奇校验, 2=偶校验
Delay	延时时间 ms	
MaxIQ	最大数字输入输出点数	[2]
MaxAI	最大模拟量输入点数	[2]
MaxHold	最大保持寄存器字数量	[2]
HoldStart	保持寄存器区起始地址(40001)	
Done	完成标志位	
Error	错误代码	[3]

MBUS_INIT 指令左侧接线：

EN

Mode — 1，Done — M0.1
Addr — 1，Error — MB1
Baud — 9600
Parity — 2
Delay — 0
MaxIQ — 128
MaxAI — 32
MaxHold — 1000
HoldStart — &VB0

图 3-101　MBUS_INIT 指令

（2）MBUS_SLAVE 指令

MBUS_SLAVE 指令（见图 3-102）用于服务来自 ModBus 主站的请求，必须在每个循环周期都执行，以便检查和响应 ModBus 请求。当 EN 输入为接通时，指令在每次扫描时都执行。MBUS_SLAVE 指令无输入参数。当 MBUS_SLAVE 指令响应 ModBus 请求时 Done 输出接通；如果没有服务的请求，Done 输出会断开。Error 输出包含该指令的执行结果。

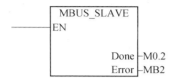

参数	意义	选项
EN	使能	
Done	完成标志位	
Error	错误代码	(3)

图 3-102　MBUS_SLAVE 指令

3. 基于 S7-200 的主/从站通信程序实例

该实例程序显示每当输入 I0.0 接通时，如何使用 ModBus 主站指令向 ModBus 从站写或从 ModBus 从站读 4 个保持寄存器。S7-200 CPU 将从 VW100 开始的 4 个字写入 ModBus 从站。数据将写入从站中从地址 40001 开始的 4 个保持寄存器。然后，S7-200 CPU 将从 ModBus 从站读 4 个保持寄存器。数据来自保持寄存器 40010～40013，并将放到 S7-200 CPU 中从 VW200 开始的 V 存储器中。S7-200 ModBus 读写示意图如图 3-103 所示。

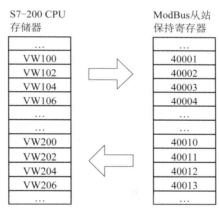

图 3-103　S7-200 ModBus 读写示意图

① 通过在每次扫描时调用 MBUS_CTRL 指令（其程序见图 3-104）初始化和监视 ModBus 主站。ModBus 主站设为 9600bps，无奇偶校验。从站允许 1000ms（1s）内进行响应。

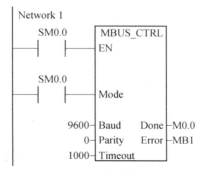

图 3-104　主站初始化

② 在第一次扫描时，复位用于两个 MBUS_MSG 指令的启用标记（M2.0 和 M2.1），如图 3-105 所示。

③ 当 I0.0 从 OFF 变为 ON 时，设置第一个 MBUS_MSG 指令（M2.0）的启用标记，如图 3-106 所示。

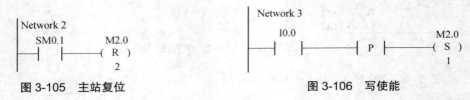

图 3-105　主站复位　　　　　　　　　　图 3-106　写使能

④ 当第一个启用标记（M2.0）为 ON 时，调用 MBUS_MSG 指令。只需为启用该指令的第一次扫描设置 First 参数。该指令将（RW = 1）4 个保持寄存器写入从站 2。从 CPU 的 VB100 VB107（4 个字）获取写数据，然后写入到 ModBus 从站的地址 40001～40004，如图 3-107 所示。

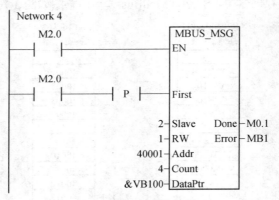

图 3-107　写 2 号从站

⑤ 当第一个 MBUS_MSG 指令完成时（Done 从 0 变为 1），清除第一个 MBUS_MSG 的启用标记，然后设置第二个 MBUS_MSG 指令的启用标记，如图 3-108 所示。如果 Error（MB1）不为零，则置位 Q0.1 显示错误。

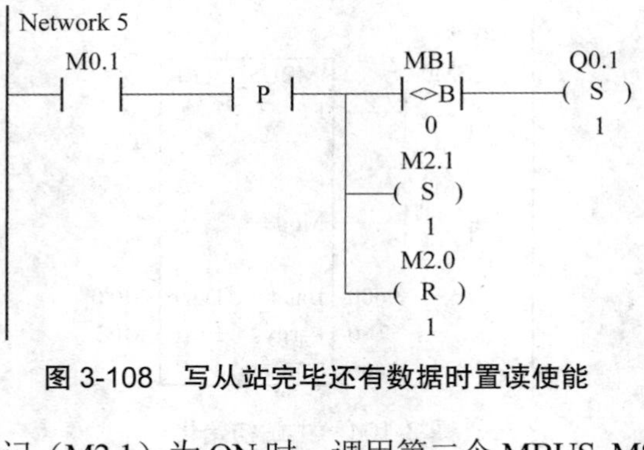

图 3-108　写从站完毕还有数据时置读使能

⑥ 当第二个启用标记（M2.1）为 ON 时，调用第二个 MBUS_MSG 指令，如图 3-109 所

示。只需为启用此指令的第一个扫描设置 First 参数。该指令从站 2 读取（RW = 0）4 个保持寄存器。从 ModBus 从站的地址 40010～40013 读取数据，然后将数据复制到 CPU 中的 VB200～VB207（4 个字）。

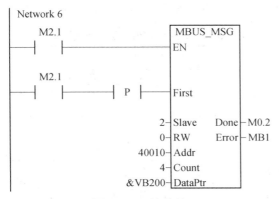

图 3-109　读从站

⑦ 当第二个 MBUS_MSG 指令完成（Done 从 0 改为 1）时，清除第二个 MBUS_MSG 指令的启用标记，如图 3-110 所示。如果 Error（MB1）不为零，则置位 Q0.2 来显示错误。

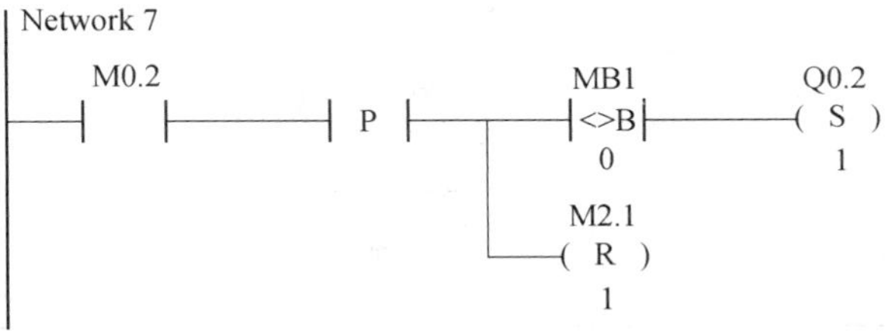

图 3-110　关闭读使能

3.4.5　单主 S7-200 单从 PEC 6000 的 ModBus 通信编程实现

1. 程序实现要求及通信过程分析

该实例程序要求上层 200PLC 的 I0.00 输入后，开始传送数据到下层的 PEC 6000 PLC1；同时 Q0.0（200PLC）输出的指示灯以 0.5s 亮 0.5s 灭的频率闪亮，代表数据开始下传到 PEC 6000 PLC1；PEC 6000 PLC1 在接收到数据后，PEC 6000 PLC1 上的输出 Q0.3 电磁阀上电，10s 后，PEC 6000 PLC1 发送数据给 200PLC，Q0.1（200）指示灯亮。上层 200PLC 的输入 I0.01 代表发送重置信号，按下 I0.01 后，可以重新发送信号。S7-200 CPU 将通过 ModBus 总线将 VW300 的值写到 PEC 6000 的地址为 42337 的寄存器 VW0 中。VW300 中代表通信开始的 V301.0 和通信复位的 V301.1 的值也传送到 PEC 6000 的寄存器 VW0 中的 V0.00 位和 V0.01 位。反之依然，PEC6000 的电磁阀上电 10s 后，将对应的地址为 42341 的寄存器 VW4 中的对应的 10s 时间标志位 V4.00 置 1，而 S7-200 通过 ModBus 总线不停的读从站 PEC 6000 的寄存器 VW4，并且将值通过总线赋给主站 S7-200 的 VW600。其中与 V4.00 对应的是 V601.0 位。S7-200 PLC 硬件配置表、PEC 6000 硬件配置表、S7-200 PLC 通信配置表分别见表 3-11～表 3-13。

表 3-11 S7-200 PLC 硬件地址配置表

PLC1 主站硬件地址配置表				
PLC 型号		CPU224XP CN DC/DC/DC		
PLC 厂商		西门子		
输入点	信号	说明	输入状态	
			ON	OFF
I0.00	SEND	发送数据	有效	
I0.01	RESRT	重置发送	有效	
M0.0		主站初始化完成标志		
M0.1		主站初始化完成后，启动读写标志		
M2.1		从站信息读成功标志		
M2.2		从站写使能		
M2.3		从站信息写成功标志		
M3.0		从站读使能		
M3.1		开机启动标志		
输出点	信号	说明	输出状态	
			ON	OFF
Q0.0	SEND_SIG	信号发送信号指示灯（闪烁）	有效	
Q0.1	RETUR_SIG	信号返回指示灯	有效	

表 3-12 PEC 6000 硬件地址配置表

PEC6000 PLC1（1～4 轴）硬件地址配置表				
模块型号		PEC6000		
输入点	信号	说明	输入状态	
			ON	OFF
输出点	信号	说明	输出状态	
			ON	OFF
Q03	手爪	机器人手爪电磁阀	有效	

表 3-13　S7-200 PLC 通信配置表（实验）

PLC 主站通信地址配置表									
单元名称				S7-200PLC 主站					
PLC 型号				CPU224XP CN					
PLC 厂商				西门子					
端口 0				ModBus 通信					
端口 1				PPI 通信					
输出（S7-200 PLC 至 PEC 6000 PLC1）									
S7-200					PEC 6000 PLC1				
通道号（CH）	位	说明	状　态		写入对应通道	位	说明	状　态	
			1	0				1	0
VW300 对应（VB300 和 VB301）	V300.0		有效	无效	VW0	V0.08		有效	无效
	…		有效	无效		…		有效	无效
	V300.7		有效	无效		V0.15		有效	无效
	V301.0	通信开始	有效	无效		V0.00	通信开始	有效	无效
	V301.1	通信复位	有效	无效		V0.01	通信复位	有效	无效
	…		有效	无效		…		有效	无效
	V301.7		有效	无效		V0.07		有效	无效
输入（PEC 6000 PLC1 至 S7-200 PLC）									
S7-200					PEC 6000 PLC1				
写入通道号	位	说明	状　态				说明	状　态	
			1	0				1	0
VW600 对应（VB600 和 VB601）	V600.0		有效	无效	VW4	V4.08		有效	无效
	…		有效	无效		…		有效	无效
	V600.7		有效	无效		V4.15		有效	无效
	V601.0	通信反馈	有效	无效		V4.00	10s 到	有效	无效
	…		有效	无效		…		有效	无效
	V601.7		有效	无效		V4.07		有效	无效

　　本实例程序的通信过程以火车运输的方式为类比进行介绍，如示意图 3-110 所示。当主站进行写操作时，火车从主站开出，目的地址为 PEC 6000 从站，功能码对应为寄存器写指令，火车上装载的数据为需要搬运到从站寄存器 VW00 中的数据 VW300 的值。当火车到达从站后，将 VW300 的各个位的值赋给 VW00 中对应位的值。由于西门子采用大端

模式，而 PEC 6000 采用小端模式，所以各位之间的一一对应关系如图 3-111 所示。而当主站进行的读操作时，火车从主站开出，目的地址为 PEC 6000 从站，功能码对应为寄存器读指令，火车上装载的数据为需要读到主站 VW300 的从站寄存器 VW04 的地址。火车到从站后，从站将对主站的读要求进行响应，将对应的 VW04 寄存器的值放入火车中，等火车开回主站后，将上面所载的 VW04 的值赋给 VW300。

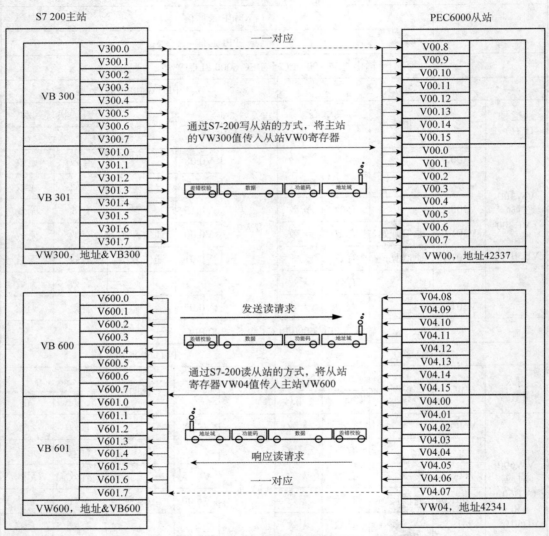

图 3-111　单主 S7-200 单从 PEC 6000 ModBus 通信示意图

程序实现思想的具体流程如图 3-112 所示。

2. 主站实现程序

主站采用 Port0 口和 PEC6000 进行通信，具体实现如下：

① 上电初始化，并且初始化 ModBus 主站传输的相关参数，程序如图 3-113 所示。

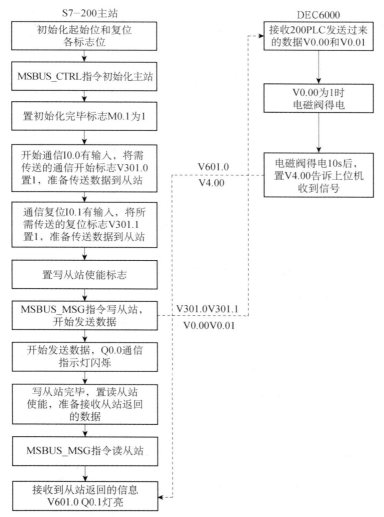

图 3-112　单主 S7-200 单从 PEC 6000 的 ModBus 通信编程程序流程图

图 3-113　上电初始化

② 如图 3-114 所示，MSBUS_CTRL 初始化主站，9600bps，没有奇偶校验，从站最长的响应时间为 100ms。

③ 主站初始化完毕后，置初始化成功标志 M0.1 为 1，如图 3-115 所示。

④ 开始通信 I0.0 有输入，并且复位没有动作，以及从站没有接收到信号时，将需传送的通信开始标志 V301.0 置 1，准备传送数据到从站，程序如图 3-116 所示。

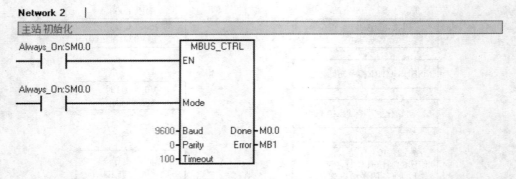

Symbol	Address	Comment
Always_On	SM0.0	始终接通为 ON

图 3-114　初始化主站

Network 3

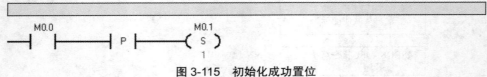

图 3-115　初始化成功置位

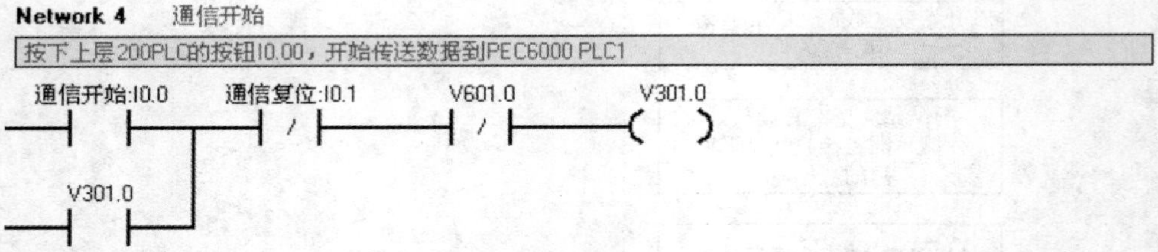

Network 4　　通信开始

按下上层 200PLC 的按钮 I0.00，开始传送数据到 PEC6000 PLC1

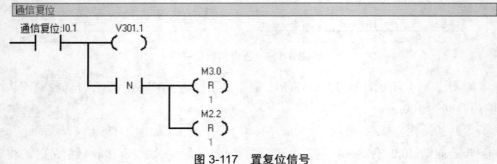

Symbol	Address	Comment
通信复位	I0.1	
通信开始	I0.0	

图 3-116　准备开始通信

⑤ 通信复位按钮有信号时，置对应的通信复位信号 V301.1 为 1，以及复位读、写从站使能信号，程序如图 3-117 所示。

Network 5

通信复位

通信复位:I0.1　　　V301.1

M3.0 (R) 1

M2.2 (R) 1

N

图 3-117　置复位信号

⑥ 通信开始或 ModBus 读信号完毕时，置写使能信号为 1，并关闭读使能信号，为 ModBus 写从站做准备，程序如图 3-118 所示。

Network 6

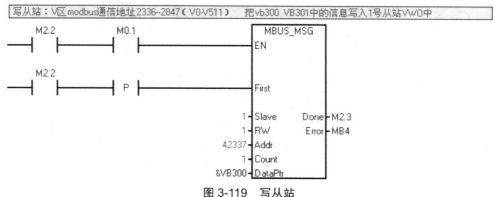

Symbol	Address	Comment
通信开始	I0.0	

图 3-118　置写使能

⑦ 开始写从站（程序见图 3-119），将主站 VW300 对应地址为&VB300 的数据写到从站的地址为 42337 的用户寄存器。PEC 6000 作为 S7-200 的从设备，可将其变量区的数据映射给 S7-200。由表 3-13 中可知 4 代表保持寄存器，2337 代表 PEC 6000 的 V 变量区的用户变量（或称为用户寄存器），其中 2337 对应 VW0，2341 对应 VW4。下面的指令为写从站 VW0 的用户变量信息，并将信息保存到 S7-200 的 DataPtr 对应的地址&VB600 中。将主站 DataPtr 对应地址&VB300 的 VW300 值写入到 VW0 中，从而实现对从站控制。

Network 7

```
写从站：V区modbus通信地址2336~2847（V0-V511）    把vb300 VB301中的信息写入1号从站VW0中

  M2.2        M0.1                    ┌─MBUS_MSG─┐
  ─┤├──────────┤├────────────────────┤EN        │
                                      │          │
  M2.2                                │          │
  ─┤├───────────────┤P├──────────────┤First     │
                                      │          │
                                 1 ──┤Slave  Done├─ M2.3
                                 1 ──┤RW    Error├─ MB4
                             42337 ──┤Addr      │
                                 1 ──┤Count     │
                            &VB300 ──┤DataPtr   │
                                      └──────────┘
```

图 3-119　写从站

DCCE 网络化可编程控制器为各变量区分配了唯一的 ModBus 地址，所有变量区都支持字访问和位访问操作。PEC 6000 支持字访问的变量区索引表见表 3-14。

表 3-14　PEC 6000 支持字访问的变量区索引表（支持功能号 3、4、6、16）

变量区名称	内容	字数量	ModBus 地址		操作
			十进制	十六进制	
AI	模拟输入	16	0~15	0000~000F	只读

（续表）

变量区名称	内容	字数量	ModBus 地址		操作
			十进制	十六进制	
XAI[1]	变换模拟输入	512	16～527	0010～020F	只读
PAI	扩展模拟输入	256	528～783	0210～030F	只读
T	定时器	128	784～911	0310～038F	读写
C	计数器	128	912～1039	0390～040F	只读
SM[2]	特殊功能	512	1040～1551	0410～060F	读写
XAQ[3]	变换模拟输出	512	1552～2063	0610～080F	读写
AQ	模拟量输出值	16	2064～2079	0810～081F	读写
PAQ	扩展模拟输出	256	2080～2335	0820～091F	读写
V	用户变量	512	2336～2847	0920～0B1F	读写
M	内存变量	512	2848～3359	0B20～0D1F	读写
S	顺序控制	16	3360～3375	0D20～0D2F	读写
L	局部变量	16	3376～3391	0D30～0D3F	读写
V[4]	用户扩展变量	4608	3392～7460	0D40～1D24	读写
I	开关输入	4	13632～13635	3540～3543	只读
XI	扩展输入	256	13636～13891	3544～3643	只读
XQ	扩展输出	256	13892～14147	3644～3743	读写
Q	开关输出	4	14148～14151	3744～3747	读写
P[5]	永久保存	4096 或 2048	14152～18247 或 14152～16199	0x3748～0x4747 或 0X3748～0X3F47	读写

注意：① 进行 ModBus 通信时，控制器地址代表 ModBus 站地址。

② PEC 6000 控制器与其他设备通信时，ModBus 站地址不能相同。

③ 通过 ModBus 协议进行资源映射时，需要注意数据区大小端模式，PEC 6000 控制器采用小端模式，西门子设备和昆仑动态触摸屏均采用大端模式。

⑧ 开始发送数据，通信指示灯闪速，如图 3-120 所示。

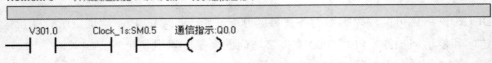

图 3-120　发送数据指示灯

⑨ 数据发送完毕，将读从站使能信号置为 1，将写从站使能信号关闭，为读从站做准备，程序如图 3-121 所示。

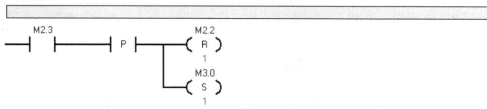

图 3-121　关闭写使能，置读使能

⑩ 读从站（程序见图 3-122），取 1 号从站存于地址寄存器 42341（具体可见表 3-14）。42341 对应于从站 VW4 的信息。读取从站 VW4 的用户变量信息，并将信息保存到 S7-200 的 DataPtr 对应的地址&VB600 中。因而主站可以通过 ModBus 总线方便读取的 PEC 6000 从站上的状态，并根据状态情况进行响应。

图 3-122　读从站

接收到从站的返回值，亮 Q0.1 灯，程序如图 3-123 所示。

图 3-123　通信反馈指示灯

3. ModBus 从站程序实现

（1）从站通信设置

PEC 6000 控制器作为 ModBus 从站时，需将通信串口配置为从口、通信协议配置为

ModBusRTU。通信波特率、校验位、停止位、数据位、通信报文时间间隔等参数需和主站配置保持一致。主从通信时，PEC 6000 控制器实时响应主站发送的 ModBus 报文。编程软件或其他支持 ModBus 协议的主设备都可通过 ModBus 命令访问控制器的变量。

如图 3-124 所示，在 PLC_config 中新建工程后，双击指令树中的"通信配置"，打开通信配置界面如图 3-125 所示。

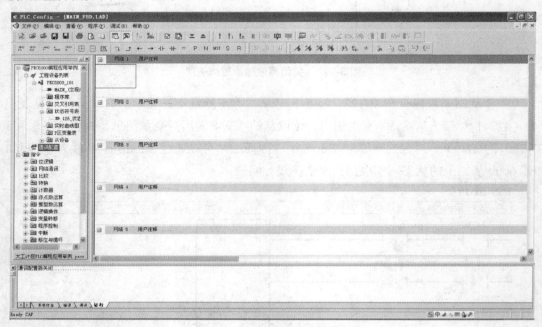

图 3-124　PLC_config 中新建工程

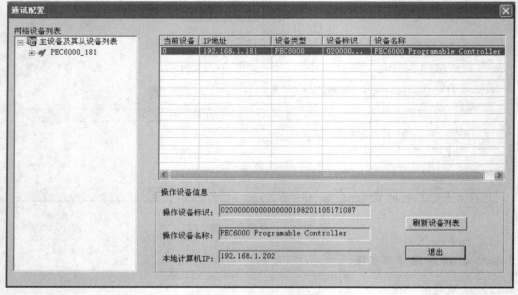

图 3-125　通信配置界面

选中当前设备，双击，弹出"设备参数"窗口，如图 3-126 所示。可以看到 0 号串口和 1 号串口均已设置为从站，通信波特率为 9600bps，通信基本设置为"N，8，1"。设备参数的设置应和主站一致，并且不要随意更改，否则可能导致无法通信。如参数不符，可将参数修改为图 3-126 所示，然后单击"下载"按钮将参数下载至设备即可。

图 3-126　设备参数

如上所述，编写 PEC 6000 PLC1 ModBus 从机端程序时，先需通过 PLC_config 软件将通信串口配置为从口、通信协议配置为 ModBusRTU。设置通信波特率、校验位、停止位、数据位、通信报文时间间隔等参数需和主站配置保持一致。

（2）从站程序编程

从站接收主站信号并反馈程序如图 3-127 所示。从站自动不停地对 ModBus 用户区的变量进行刷新，V0.00 的状态通过 ModBus 传输得到后，对应于主机端的 V301.0；电磁阀得电 10s，10s 后置 V4.00 为 1，V4.00 的状态通过 S7-200 主机 ModBus 总线读回主机端的 V601.0 中。

程序编写完毕后，可单击程序界面快捷工具栏的下载图标" ▼ "，将程序下载至 PEC 6000 PLC1 中。

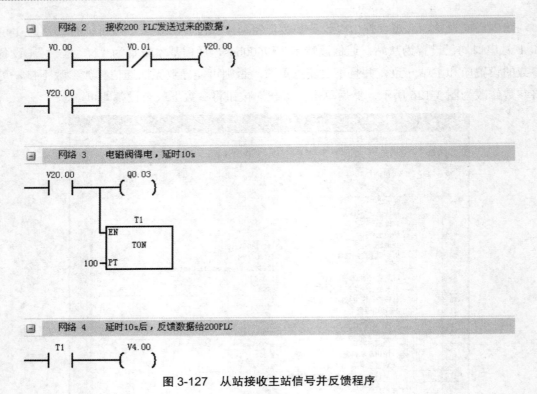

图 3-127 从站接收主站信号并反馈程序

3.4.6 一主多从 ModBus 通信编程实现

1. 程序实现要求

在上面一主一从的基础上，进一步实现一主多从的 ModBus 通信编程。主站通过 Port0 口与 PEC 6000 的 PLC1 和 PLC2 从站进行连接。该实例程序要求上层 200PLC 的 I0.00 输入后，开始传送数据到 PEC 6000 PLC1 和 PEC 6000 PLC2，同时 Q0.0（200）指示灯闪亮几下，代表数据开始下传到 PEC 6000 PLC1 和 PEC 6000 PLC2 上；PEC 6000 PLC1 在接收到数据 10s 后，PEC 6000 PLC1 发送数据给 200PLC，Q0.1（200）指示灯亮，再过 10s PEC 6000 PLC2 发送数据给 200PLC，Q0.2（200）指示灯亮。上层 200PLC 的按钮 I0.01 代表发送重置信号，按下 I0.01 后，可以重新发送信号。

对于 PEC 6000 从站 1，S7-200 CPU 将通过 ModBus 总线将 VW300 的值写到 PEC 6000 PLC1 的地址为 42337 的寄存器 VW0 中。VW300 中代表通信开始的 V301.0 和通信复位的 V301.1 的值也传送到 PEC 6000 的寄存器 VW0 中的 V0.00 位和 V0.01 位。反之亦然，PEC 6000PLC1 得到 S7 200 的数据 10s 后，将对应的地址为 42341 的寄存器 VW4 中的对应的 10s 时间标志位 V4.00 置 1，而 S7-200 通过 ModBus 总线不停的读从站 PEC 6000 的寄存器 VW4，并且将值通过总线赋给主站 S7-200 的 VW600。其中与 V4.00 对应的是 V601.0 位。

对于 PEC 6000 从站 2，S7-200 CPU 将通过 ModBus 总线将 VW310 的值写到 PEC 6000 PLC2 的地址为 42347 的寄存器 VW10 中。VW310 中代表通信开始的 V311.0 和通信复位的 V311.1 的值也传送到 PEC 6000 PLC2 的寄存器 VW10 中的 V10.00 位和 V10.01 位。PEC 6000 PLC2 得到 S7 200 的数据 20s 后，将对应的地址为 42351 的寄存器 VW14 中的对应的 10s 时间标志位 V14.00 置 1，而 S7-200 通过 ModBus 总线不停地读从站 PEC 6000 的寄存器 VW14，并且将值通过总线赋给主站 S7-200 的 VW610。其中与 V14.00 对应的是 V611.0 位。

　　S7-200 PLC 硬件地址配置表和 S7-200 PLC 通信地址配置分别见表 3-15 和表 3-16。由于 PEC 6000 PLC1 和 PLC2 没有外部的输入输出需要配置，因此在这里省略两个从站的硬件地址 I/O 配置表。

表 3-15　S7-200 PLC 硬件地址配置表（实验）

PLC1 主站硬件地址配置表					
PLC 型号	CPU224XP CN DC/DC/DC				
PLC 厂商	西门子				
输入点	信号	说明	输入状态		
				ON	OFF
I0.00	SEND	发送数据		有效	
I0.01	RESRT	重置发送		有效	
输出点	信号	说明	输出状态		
				ON	OFF
Q0.0	SEND_SIG	信号发送信号指示灯（闪烁）		有效	
Q0.1	RETUR_SIG1	1 号从站信号返回指示灯		有效	
Q0.2	RETUR_SIG2	2 号从站信号返回指示灯		有效	

表 3-16　S7-200 PLC 通信配置表（实验）

PLC 主站通信地址配置表	
单元名称	S7-200PLC 主站
PLC 型号	CPU224XP CN
PLC 厂商	西门子
端口 0	ModBus 通信
端口 1	PPI 通信

输出（S7-200 PLC 至 PEC 6000 PLC1）									
S7-200					PEC 6000 PLC1				
通道号（CH）	位	说明	状态		写入对应通道	位	说明	状态	
			1	0				1	0
VW300 对应（VB300 和 VB301）	V300.0		有效	无效	VW0	V0.08		有效	无效
	...		有效	无效		...		有效	无效
	V300.7		有效	无效		V0.15		有效	无效
	V301.0	1号通信开始	有效	无效		V0.00	1号通信开始	有效	无效
	V301.1	1号通信复位	有效	无效		V0.01	1号通信复位	有效	无效
	...		有效	无效		...		有效	无效
	V301.7		有效	无效		V0.07		有效	无效

输出（S7-200 PLC 至 PEC 6000 PLC2）									
S7-200					PEC 6000 PLC1				
通道号（CH）	位	说明	状态		写入对应通道	位	说明	状态	
			1	0				1	0
VW310 对应（VB310 和 VB311）	V310.0		有效	无效	VW10	V10.08		有效	无效
	...		有效	无效		...		有效	无效
	V310.7		有效	无效		V10.15		有效	无效
	V311.0	2号通信开始	有效	无效		V10.00	2号通信开始	有效	无效
	V311.1	2号通信复位	有效	无效		V10.01	2号通信复位	有效	无效
	...		有效	无效		...		有效	无效
	V311.7		有效	无效		V10.07		有效	无效

输入（PEC 6000 PLC1 至 S7-200 PLC）									
S7-200					PEC 6000 PLC2				
读入通道号	位	说明	状态		通道号		说明	状态	
			1	0				1	0
VW601 对应（VB600 和 VB601）	V600.0		有效	无效	VW4	V4.08		有效	无效
	...		有效	无效		...		有效	无效
	V600.7		有效	无效		V4.15		有效	无效
	V601.0	通信反馈	有效	无效		V4.00	1号站10s到	有效	无效
	...		有效	无效		...		有效	无效
	V601.7		有效	无效		V4.07		有效	无效

（续表）

输入（PEC 6000 PLC2 至 S7-200 PLC）									
S7-200					PEC 6000 PLC2				
读入通道号	位	说明	状 态		通道号	说明	状 态		
			1	0			1	0	
VW610 对应（VB610 和 VB611）	V610.0		有效	无效	VW14	V14.08		有效	无效
	...		有效	无效		...		有效	无效
	V610.7		有效	无效		V14.15		有效	无效
	V611.0	通信反馈	有效	无效		V14.00	2 号站 20s 到	有效	无效
	...		有效	无效		...		有效	无效
	V611.7		有效	无效		V14.07		有效	无效

2. 编程思路

在一主一从的基础上编程，主站分别给两个从站发送数据和读数据。由于 ModBus 总线在同一时段只能支持对 1 个从站的读写，因此，在程序实现上先发送数据到 1 号从站完毕，再发送数据到 2 号从站，数据返回时也一样，其中 1 从站 10s 后反馈给主站数据，而 2 从站在 20s 后才反馈数据给主站，并且根据各从站返回值亮对应的指示灯。程序流程图如图 3-128 所示。

3. 主站程序

① 主站初始化程序如图 3-129 所示。上电初始化，并且初始化 ModBus 主站传输的相关参数。MSBUS_CTRL 初始化主站，波特率为 9600bps，没有奇偶校验，从站最长的响应时间为 100ms。主站初始化完毕后，置 M0.1 初始化成功标志为 1。

② 开始通信 I0.0 有输入，并且复位没有动作以及从站没有接收到信号时，将需传送的通信开始标志 V100.0 置 1，程序如图 3-130 所示。

③ 将需要传送的 V301.0 和 V311.0 置 1，程序如图 3-131 所示。

④ 通信复位按钮有信号时，置对应的通信复位信号 V301.1 和 V311.1 为 1，程序如图 3-132 所示。

⑤ 1 号从站写使能设置，设置完毕后开始写 1 号从站，将主站 VW300 的值写入 1 号从站的 VW0 用户寄存器中，程序如图 3-133 所示。

⑥ 2 号从站写使能设置，设置完毕后开始写 2 号从站，将主站 VW310 的值写入 2 号从站的 VW10 用户寄存器中，程序如图 3-134 所示。

⑦ 主站信息发送指示灯闪烁，程序如图 3-135 所示。

⑧ 2 号从站写完毕，设置 1 号从站读使能，通过 MBUS_MSG 读 1 号从站，将 1 号从站中用户寄存器 VW4 的值读回主站&VB600 所指的 VW600 中，程序如图 3-136 所示。

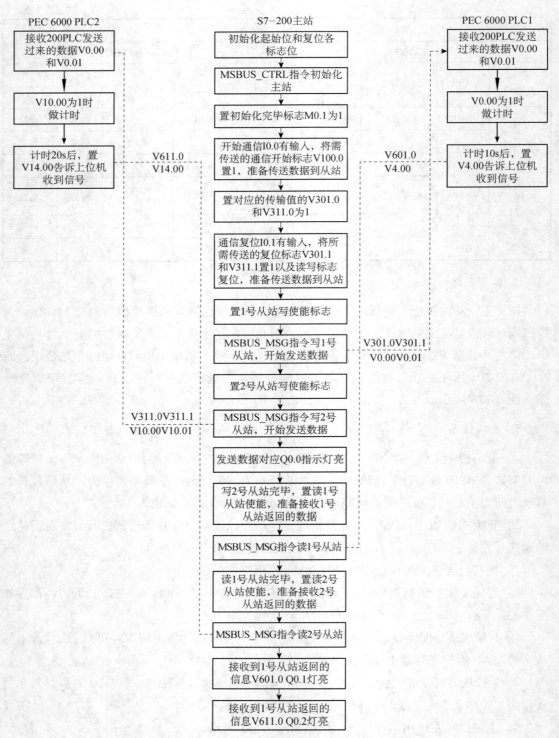

图 3-128　一主多从 ModBus 通信实现程序流程图

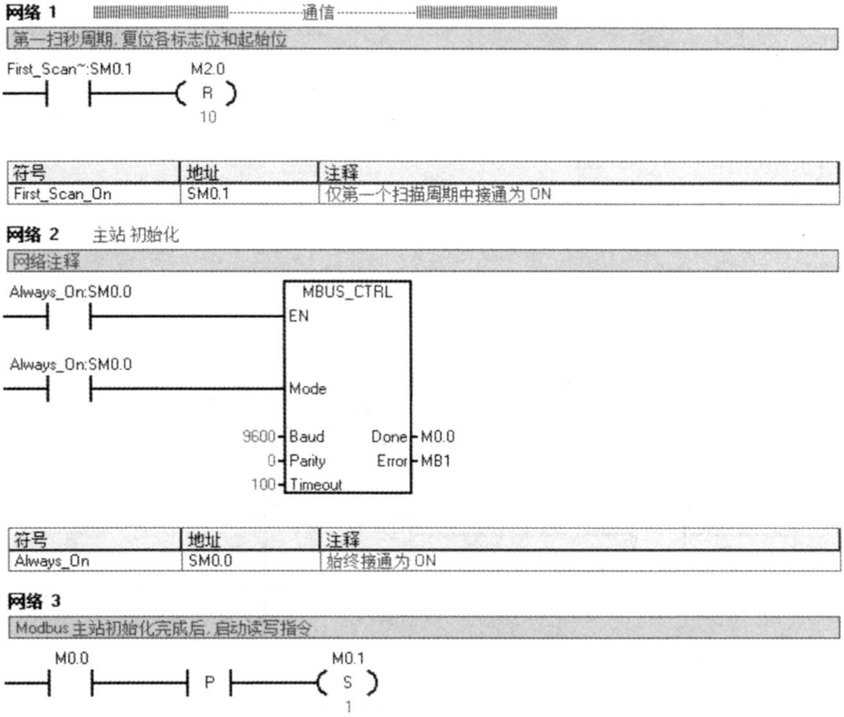

网络 1 ▐▐▐▐▐▐▐▐▐▐▐▐▐▐▐▐▐▐▐▐▐▐----------通信----------▐▐▐▐▐▐▐▐▐▐▐▐▐▐

第一扫秒周期, 复位各标志位和起始位

First_Scan~:SM0.1　　M2.0
────┤ ├────────(R)
　　　　　　　　　　　　10

符号	地址	注释
First_Scan_On	SM0.1	仅第一个扫描周期中接通为 ON

网络 2　主站初始化

网络注释

Always_On:SM0.0　　　┌─────────────┐
────┤ ├───────────┤ MBUS_CTRL　│
　　　　　　　　　　　│ EN　　　　　│
　　　　　　　　　　　│　　　　　　　│
Always_On:SM0.0　　　│　　　　　　　│
────┤ ├───────────┤ Mode　　　　│
　　　　　　　　　　　│　　　　　　　│
　　　　9600─┤Baud　　　Done├─M0.0
　　　　　　0─┤Parity　　Error├─MB1
　　　　　100─┤Timeout　　　　│
　　　　　　　　　　　└─────────────┘

符号	地址	注释
Always_On	SM0.0	始终接通为 ON

网络 3

Modbus 主站初始化完成后, 启动读写指令

M0.0　　　　　　　　　　M0.1
────┤ ├────┤ P ├────(S)
　　　　　　　　　　　　　　　1

图 3-129　主站初始化

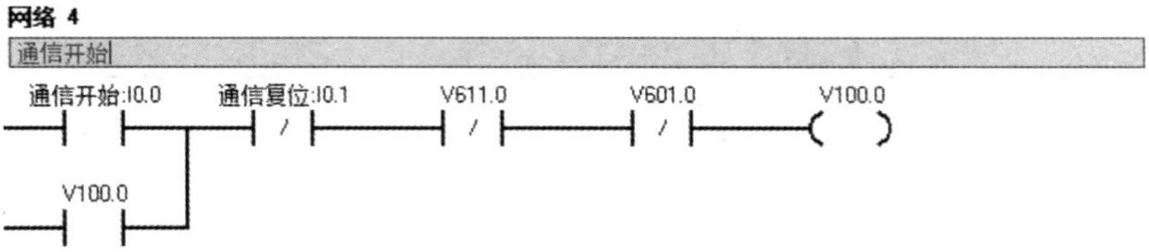

网络 4

通信开始

通信开始:I0.0　通信复位:I0.1　V611.0　V601.0　V100.0
────┤ ├──┬──┤ / ├───┤ / ├───┤ / ├───( )
　　　　　│
V100.0　　│
────┤ ├──┘

图 3-130　主站通信开始

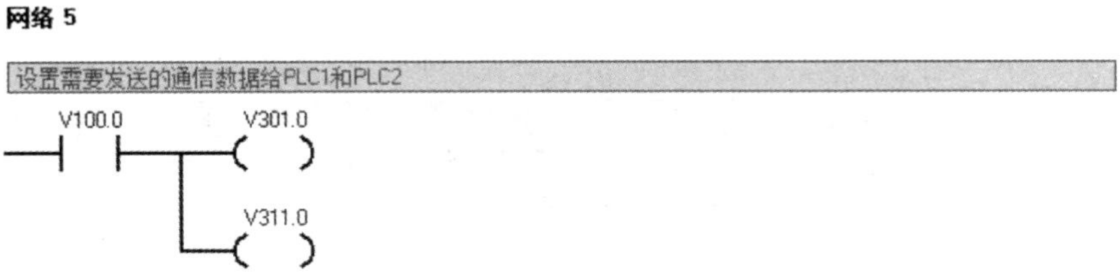

网络 5

设置需要发送的通信数据给PLC1和PLC2

V100.0　　　　　V301.0
────┤ ├──┬──────( )
　　　　　　│
　　　　　　│　　V311.0
　　　　　　└──────( )

图 3-131　设置通信数据

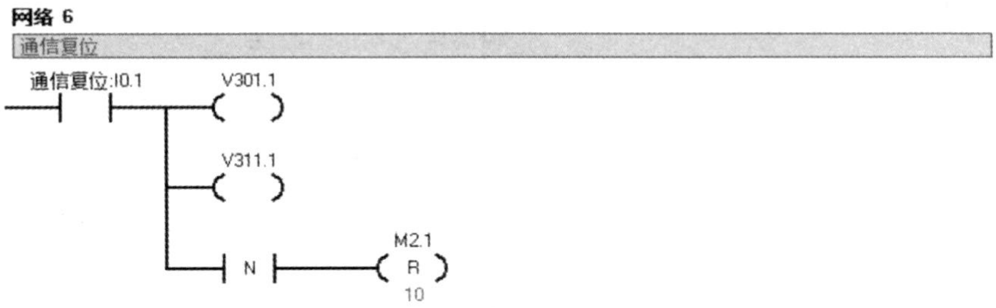

网络 6

通信复位

通信复位:I0.1　　V301.1
────┤ ├──┬──────( )
　　　　　　│
　　　　　　│　　V311.1
　　　　　　├──────( )
　　　　　　│
　　　　　　│　　　　　　M2.1
　　　　　　└──┤ N ├──────(R)
　　　　　　　　　　　　　　　　10

图 3-132　设置复位通信数据

网络 7

通信开始，置1号从站写使能

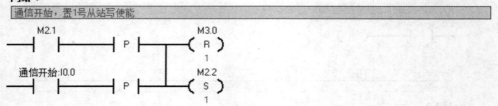

符号	地址	注释
通信开始	I0.0	

网络 8

写从站1：V区modbus通信地址2336--2847（V0-V511）　把vb300 VB301中的信息写入1号从站VW0中

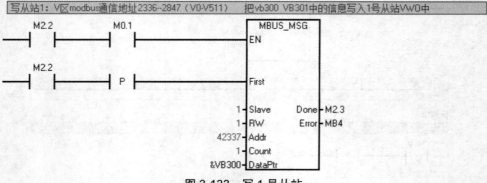

图 3-133　写 1 号从站

网络 9

1号从站写完毕，打开2号从站写使能

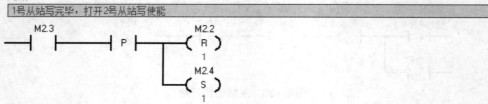

网络 10

写从站2：V区modbus通信地址2336--2847（V0-V511）　把vb310 VB311中的信息写入2号从站VW10中

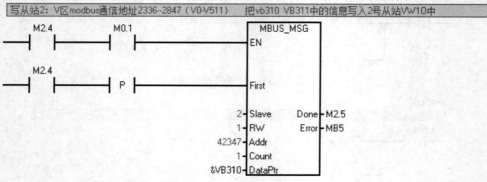

图 3-134　写 2 号从站

Network 11　开始发送数据，Q0.0闪烁，表示通信进行中

V100.0	Clock_1s:SM0.5	通信指示:Q0.0

Symbol	Address	Comment
Clock_1s	SM0.5	在 1s 的循环周期内，接通为 ON 0.5s，关断为 OFF 0.5s
通信指示	Q0.0	

图 3-135　通信指示灯

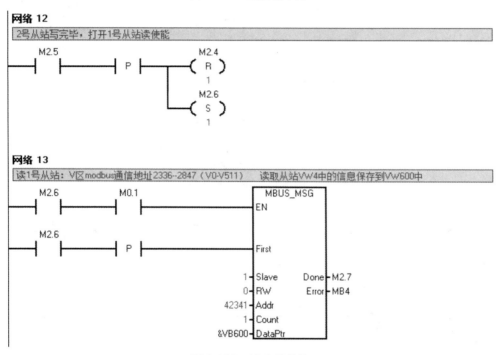

网络 12

2号从站写完毕，打开1号从站读使能

网络 13

读1号从站：V区modbus通信地址2336--2847（V0-V511）　　读取从站VW4中的信息保存到VW600中

图 3-136　读 1 号从站

⑨　2 号从站写完毕，设置 2 号从站读使能，通过 MBUS_MSG 读 2 号从站，将 2 号从站中用户寄存器 VW14 的值读回主站&VB610 所指的 VW610 中，程序如图 3-137 所示。

⑩　收到对应的从站返回值，对应的指示灯亮，程序如图 3-138 所示。

4. 从站程序

从站程序包括 PEC 6000PLC1 的从站程序和 PEC 6000PLC2 的从站程序。从站在编程时，首先要对从站进行 ModBus 的通信设置，其具体设置方法如前文所述，设置的参数要和主站一致。由于两从站的程序和上面单主单从时从站的例子类似，这里不再具体列出，大家可以根据程序流程图及 PLC 通信配置表自行写出。

网络 14

1号从站读完毕，打开2号从站读使能

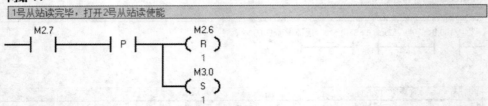

网络 15

读2号从站：V区modbus通信地址2336--2847（V0-V511）　从2号从站中读取VW4的值保存到Vw610中

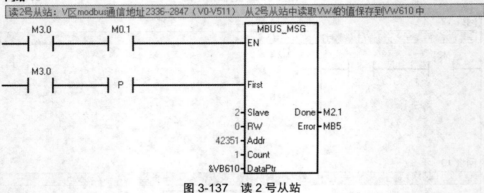

图 3-137　读 2 号从站

网络 16

接收1号从站1PLC反馈回来的数据，Q0.1亮起

符号	地址	注释
通信反馈	Q0.1	

网络 17

接收2号从站2PLC反馈回来的数据，Q0.2亮起

符号	地址	注释
通信反馈2	Q0.2	

图 3-138　收到从站返回值

模块 4　模块化机器人的执行驱动技术

4.1　任务 1——执行驱动技术的认知

工业机器人、CNC 机床、各种自动机械、信息处理设备、办公室设备、车辆电子设备、医疗器械、各种光学装置、智能家电、楼宇安全系统等机电一体化系统（或产品）都离不开执行元件为其提供动力。如数控机床主轴的转动、工作台的进给运动以及工业机器人手臂的运动等。驱动部件又称执行元件，是处于执行机构与电子控制装置的接口部位的能量转换部件。它能在电子控制装置控制下，将输入的各种形式的能量转换为机械能。例如电动机、液动机、汽缸、内燃机等，分别把输入的电能、液压能、气能和化学能转换为机械能。

执行元件接收控制器的指令，通过传动机构、驱动执行机构实现某种特定的功能。根据使用能量的不同，可将执行元件分为电气式、液压式和气压式等几种类型。电气式是通过电能产生电磁力，并用该电磁力驱动执行机构运动。液压式是先将电能转化为液压能，并用电磁阀改变压力油的流向，从而使液压能转化为驱动执行元件运动的机械能。气压式与液压式的原理相同，只是介质为气体。其他执行元件与使用材料有关，如使用形状记忆合金或利用压电元件的压电效应等。

4.1.1　执行元件的特点及类型

执行元件的种类如图 4-1 所示。

电气执行元件包括电动机（DC 与 AC 伺服电动机、步进电动机）、磁致伸缩器件、压电元件、超声波电动机以及电磁铁等。其中利用电磁力的电动机和电磁铁，因实用、易得而成为常用的执行元件。在机电一体化系统中经常使用的有两类电动机：一类为一般动力用电动机，如感应式异步电动机和同步电动机等；另一类为控制用电动机，如步进电机、伺服电机、直线电机等。对于控制用电动机的性能，除了要求稳速运转性能以外，还要求具有良好的加、减速性能和伺服性能等动态性能，以及频繁使用时的适应性和便于维修的性能。

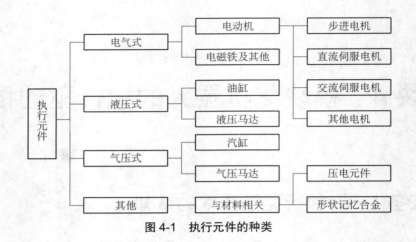

图 4-1　执行元件的种类

控制用旋转电动机按其工作原理可分为旋转磁场型和旋转电枢型。前者有同步电动机（永磁）、步进电动机（永磁），后者有直流电动机（永磁）、感应电动机（按矢量控制等效模型可细分为 DC 伺服电动机（永磁）和 AC 伺服电动机。

控制用电动机驱动系统一般由电源供给电力，经过电力变换器后输送给电动机，使电动机做回转或者直线运动，来驱动负载机械或机构运动，并在指令器指定的位置停止。控制电动机有回转和直线驱动两种，通过电压、电流、频率（包括指令脉冲）等控制，实现定速、变速驱动或反复启动、停止的增量驱动以及复杂的驱动。图 4-2 为伺服电动机控制方式的基本形式，开环系统无检测装置，常用步进电动机驱动实现，每输入一个指令脉冲，步进电动机就旋转一定角度，它的旋转速度由指令脉冲频率控制，转角大小由脉冲个数决定。由于开环系统没有检测装置，误差无法测出和补偿，因此开环系统精度不高；闭环系统和半闭环系统有检测装置，闭环系统的检测装置装到移动部件上，可直接检测移动部件的位移，系统采用了反馈和误差补偿技术，因而可很精确地控制移动部件的移动距离；半闭环系统的检测装置装到伺服电动机上，在伺服电动机的尾部装有编码器或测速发电机，分别检测移动部件的位移和速度。由于传动件不可避免地存在受力变形和消除传动间隙等问题，因而半闭环系统控制精度不如闭环系统。

另外，电气式及其他执行元件中还有微位移用器件。例如，电磁铁由线圈和衔铁两部分组成，结构简单，由于是单向驱动，所以需用弹簧复位来实现两固定点之间的快速驱动；压电驱动器利用压电晶体的压电效应来驱动执行机构做微量位移；电热驱动器利用物体（如金属棒）的热变形来驱动执行机构的直线位，通过控制电热器（电阻）的加热电流来改变位移量。由于物体的线膨胀量有限，所以位移量很小，可用于机电一体化产品中，实现微量进给。

液压式执行元件主要包括执行往复运动的液压缸、回转液压缸、液压电机等，其中液压缸占绝大多数。目前，世界上开发了各种数字式液压执行元件，例如电液伺服电机和电液步进电机，这些电液式电机的最大优点是比电动机的力矩大，可以直接驱动执行机构，力矩惯量比大，过载能力强，适合于重载下的高加、减速驱动。因此，电液式电机在强力驱动和高精度定位时性能好，而且使用方便。

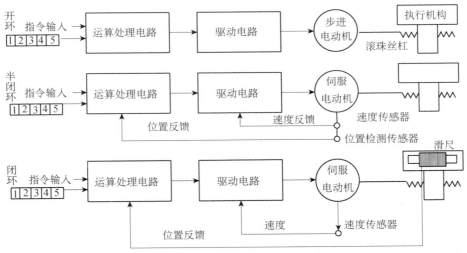

图 4-2　伺服电动机控制方式的基本形式

气压式执行元件除了使用压缩空气作为工作介质外，与液压式执行元件没有什么区别。具有代表性的气压执行元件有汽缸、气压电机等。气压驱动虽可得到较大的驱动力、行程和速度，但由于空气黏性差，具有可压缩性，故不能在定位精度较高的场合使用。

4.1.2　机电控制系统对执行元件的要求

一般来说，动力及加工类机器的执行机构要对外界做功，因此必须实现系统所需的运动和传递必要的动力。而仪器及检测方面的机器执行机构所传递的动力虽小，但对所实现运动的要求很高。通常对执行机构提出如下基本要求：

① 能够实现系统所需的运动。这些运动一般应具备轨迹形状、速度大小、行程长短、起止点位置和正反方向等要素。对这些运动的轨迹和起止点应有一定的精度要求，对运动的起止和轨迹跟踪应有一定的灵敏度要求。

② 传递必要的动力。执行机构应具备一定的强度和刚度，具有传递一定的力或力矩的能力。

③ 保证系统具有良好的动态品质。由于是在受力和高速运转状态下保证运动轨迹和定位精度，因此对执行机构的静刚度、动刚度、热变形和摩擦特性应提出严格要求。减小质量和转动惯量、减小摩擦和传动间隙、提高传动刚性、提高固有振动频率等都是改善动态品质的途径。

下面就工业上常见的电动执行机构及其控制方法进行介绍。

4.2 任务 2——步进电机控制基础认识

步进电机是一种专门用于位置和速度控制的特种电机，常用于定长送料、轨迹描述、点位运动、角度分割等需要精确定位的场合。步进电动机能将脉冲信号直接转换成角位移（或直线位移），每接受一个电脉冲，在驱动电源的作用下，步进电动机转子就转过一个相应的步距角，只要控制输入电脉冲的数量、频率以及电机绕组通电相序即可获得所需的转角、转速及转向，转子角位移的大小及转速分别与输入的控制电脉冲数及其频率成正比。由于步进电动机的角位移是一个步距（对应一个脉冲）一个步距地移动的，所以称为步进电动机。当步进电动机的结构和控制方式确定后，步距角的大小为一固定值，所以可以对它进行开环控制。由于步进电机工作原理易学易用，成本低廉（相对于伺服），非常适合于微计算机和单片机控制，因此近年来在各行各业的控制设备中获得了越来越广泛的应用。

步进电机按定子上绕组来分主要有二相、三相、五相（见图 4-3）等系列。其中占市场份额最大、最受欢迎的是两相混合式步进电机，其原因是性价比高，配上细分驱动器后效果良好。该种电机的基本步距角为 1.8°/步，配上半步驱动器后，步距角减少为 0.9°，配上细分驱动器后其步距角可细分达 256 倍（0.007°）。由于摩擦力和制造精度等原因，实际控制精度略低。电机按驱动方式有整步、半步、细分三种走法。同一部电机可配不同细分的驱动器以改变精度和效果。

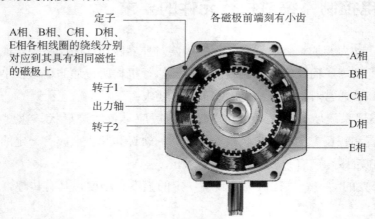

图 4-3　五相步进电机

4.2.1 步进电机工作过程

图 4-4 为步进电动机结构简图，其定子有六个均匀分布的磁极，每两个相对磁极组成一相，即有 U-U、V-V、W-W 三相，磁极上缠绕励磁绕组。

三相步进电动机工作原理图如图 4-5 所示，假定转子具有均匀分布的 4 个齿，齿宽及间距一致，故齿距为 360°/4＝90°，三对磁极上的齿（亦即齿距）亦为 90°均布，但在圆周方向依次错过 1/3 齿距（30°）。如果先将电脉冲加到 U 相励磁绕组，定子 U 相磁极就产生磁通，并对转子产生磁吸力，使转子离 U 相磁极最近的两个齿与定子的 U 相磁极对齐，V 磁极上的齿相对于转子齿在逆时针方向错过了 30°。W 磁极上的齿将错过 60°。当 U 相断电，再将电脉冲电流通入 V 相励磁绕组，在磁吸力的作用下，使转子与 V 相磁极靠得最近的另两个齿与定子的 V 相磁极对齐，

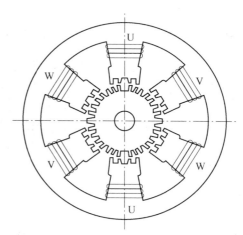

图 4-4　步进电动机结构简图

由图 4-5 可以看出，转子沿着逆时针方向转过了 30°角。给 W 相通电，转子逆时针再转过 30°角。如此按照 U—V—W—U 的顺序通电，转子则沿逆时针方向一步步地转动，每步转过 30°，这个角度就叫步距角。显然，单位时间内通入的电脉冲数越多，即电脉冲频率越高，电机转速越高。如果按照 U—V—W—U 的顺序通电，步进电动机则沿顺时针方向一步步地转动。从一相通电换到另一相通电称为一拍，每一拍转子转动一个步距角，像上述的步进电动机，三相励磁绕组依次单独通电运行，换接三次完成一个通电循环，称为三相单三拍通电方式。

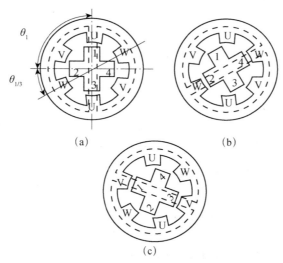

（a）　　　　　　　　　　（b）

（c）

图 4-5　三相步进电机工作原理图

如果使两相励磁绕组向时通电，即按 UV—VW—WU—UV 的顺序通电，这种通电方式称为三相双三拍，其步距角仍为 30°。步进电机还可以按三相六拍通电方式工作（其工作原理如图 4-6 所示），即按 U—UV—V—VW—W—WU 的顺序通电，换接六次完成一个

通电循环，这种通电方式的步距角为 15°，是三相通电时的一半。步进电动机的步距角越小，意味着所能达到的位置控制精度越高。

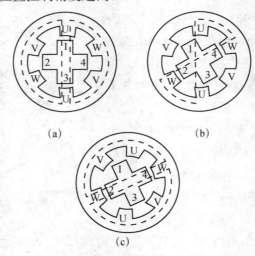

(a)　　　　　　　(b)

(c)

图 4-6　三相六拍步进电机工作原理图

4.2.2　步进电机的特点

根据上述工作过程，可以看出步进电动机具有以下几个基本特点：

① 步进电动机受数字脉冲信号控制，输出角位移与输入脉冲数成正比（见图 4-7），即

$$\theta=N\beta \tag{4-1}$$

式中，θ——电动机转过的角度（°）：

　　　　N——控制脉冲数；

　　　　β——步距角（°）。

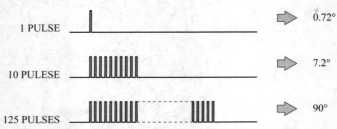

图 4-7　步进电机输出的角位移与脉冲数成正比

② 步进电动机的转速与输入的脉冲频率成正比（见图 4-8），即

$$n=（\beta/360）\times60f=\beta f/60 \tag{4-2}$$

式中，n——电动机转速（r / min）；

　　　　f——控制脉冲频率（Hz）。

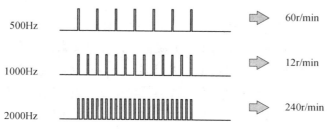

图 4-8　步进电机输出的转速与脉冲频率成正比

③ 步进电机的步距角大小与通电方式和转子齿数有关，其大小可按下式计算：

$$\beta = \frac{360^{\circ}}{zm} \qquad (4-3)$$

式中，z ——转子齿数；

　　m ——运行拍数，通常等于相数或相数的整数倍数。

④ 若步进电机通电的脉冲频率为 f（脉冲数/秒），则步进电动机的转速为

$$n = \frac{60f}{zm} \quad （\text{r/min}） \qquad (4-4)$$

⑤ 步进电动机的转向可以通过改变通电顺序来改变。

⑥ 步进电动机具有自锁能力，一旦停止输入脉冲，只要维持绕组通电，电动机就可以保持在该固定位置。

⑦ 步进电动机工作状态不易受各种干扰因素（如电源电压的波动、电流的大小与波形的变化、温度等）影响，只要干扰未引起步进电动机产生"丢步"，就不会影响其正常工作。

⑧ 步进电动机的步距角有误差，转子转过一定步数以后也会出现累积误差，但转子转过一转以后其累积误差为"零"，不会长期积累。

⑨ 易于直接与微机的 I／O 接口，构成开环位置伺服系统。

因此，步进电动机被广泛应用于开环控制结构的机电一体化系统中，并可靠地获得较高的位置精度。

4.2.3　步进控制系统的驱动方式

如图 4-9 所示，步进电机控制系统由控制器、驱动器和步进电动机三个独立的单元组成。

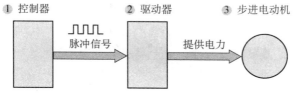

图 4-9　步进电机控制系统的三大组成单元

控制器提供步进电机运行的脉冲信号，在机电一体化系统中，一般由 PLC、单片机或者运动控制卡来提供。因而控制器属于五大要素中计算机要素。其中控制器提供驱动的信号。一般的脉冲信号为 5V 的脉冲电平，电流比较小，亦没有驱动能力。而步进电机属于五大要素中的执行机构，由于控制器不能直接驱动步进电机，因此，中间需要一个接口要素，也就是驱动器单元。驱动器将单片机或 PLC 装置等送来的脉冲信号及方向信号按照要求的配电方式自动地循环供给电动机各相绕组，以驱动电动机转子正反向旋转。从计算机输出口或从环形分配器输出的信号脉冲电流一般只合几个毫安，不能直接驱动步进电动机，必须采用功率放大器将脉冲电流进行放大，使其增加到几至十几安培，从而驱动步进电动机运转。因此，只要控制输入电脉冲的数量和频率就可精确控制步进电动机的转角和速度。步进电机驱动器有很多，应以实际的功率要求合理地选择驱动器。

目前，步进电机驱动器有两种信号输入方式，分别为脉冲方向方式和双脉冲方式，图 4-10 为典型的驱动器接线示意图。

CP 信号线：如图 4-10 所示，驱动器端口内置光耦，光耦导通一次被驱动器解释为一个有效脉冲。对于共阳极而言低电平为有效（共阴为高电平有效），此时驱动器将按照相应的时序驱动电机运行一步。脉冲方向模式时此信号端作为脉冲输入信号，双脉冲模式时此信号端作为正转脉冲输入信号。为了确保脉冲信号的可靠响应，光耦每次导通的持续时间不应少于 10μs。一般驱动器的信号响应频率为 200kHz，过高的输入频率将可能得不到正确响应。

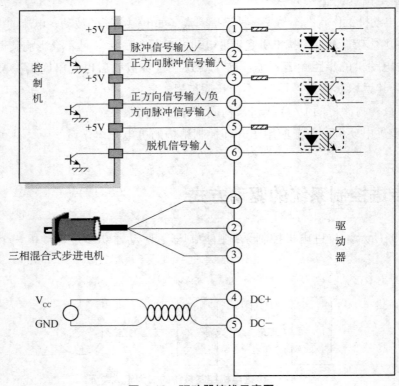

图 4-10　驱动器接线示意图

　　DIR 信号线：脉冲方向模式下该信号作为控制电机的转向信号，该端内部光耦的通、断被解释为控制电机运行的两个方向。双脉冲模式下，该信号作为反转的脉冲输入信号，光耦导通一次被驱动器解释为一个有效脉冲。为了确保脉冲信号的可靠响应，光耦每次导通的持续时间不应少于 10μs。

　　脱机信号输入：内部光耦处于导通状态时电机相电流被切断，转子处于自由状态（脱机状态）。此时即使有脉冲运行信号，电机也属于不运动状态。光耦关断后电机电流恢复到脱机前的大小和方向。当不需用此功能时，脱机信号端可悬空。

　　步进电机驱动器指令脉冲输入信号见表 4-1。

表 4-1　步进电机驱动器指令脉冲输入信号表

运动方式	信号	图示
双脉冲方式	脉冲信号	
	方向信号	
脉冲方向方式	顺时针方向脉冲	
	逆时针方向脉冲	

　　模块化机器人的 3～6 轴步进电机驱动器的型号为 AKS202A。3～6 轴驱动器设置说明、细分设定与电流设定分别如图 4-11 和图 4-12 所示，其中步进电机驱动器采用脉冲方向指令脉冲驱动方式，其具体接线如图 4-13 所示。而轴驱动器的细分设定与电流设定的拨码开关的选择值可参考表 4-2。

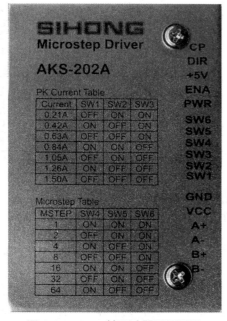

图 4-11　3～6 轴驱动器设置说明

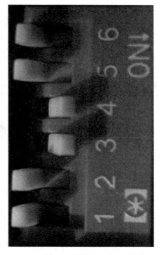

图 4-12　3～6 轴驱动器细分设定与电流设定

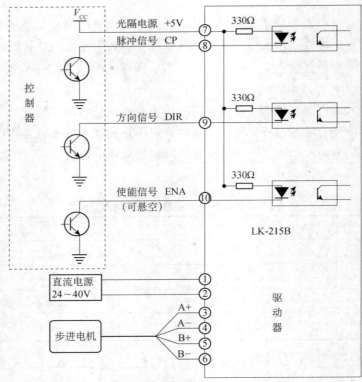

图 4-13　AKS202A 输入接口电路

表 4-2　细分数与电流选择表

电流选择				细分选择				
电流值	SW1	SW2	SW3	细分数	步数	SW4	SW5	SW6
0.31	OFF	ON	ON	1	200	ON	ON	ON
0.45	ON	OFF	ON	2	400	OFF	ON	ON
0.68	OFF	OFF	ON	4	800	ON	OFF	ON
0.91	ON	ON	OFF	8	1600	OFF	OFF	ON
1.12	OFF	ON	OFF	16	3200	ON	ON	OFF
1.38	ON	OFF	OFF	32	6400	OFF	ON	OFF
1.68	OFF	OFF	OFF	64	12800	ON	OFF	OFF

注：①细分数由开关 M1、M2、M3 选择。②电流值由 M5、M6、M7 选择。

4.2.4　步进电机的运行特性与选择

1. 步进电机运行特性

（1）细分数

在一个电脉冲作用下（即一拍）电动机转子转过的角位移，就是步距角 α。α 越小，分辨力越高。由表 4-2 可知，细分数为 1 时，对应的 200 个脉冲转一圈，步距角为 1.8°；单细分数为 2 时，步距角为 0.9°；最高细分数可达 64，对应的步距角为 0.028125°。

（2）保持转矩

保持转矩是指步进电机通电但没有转动时，定子锁住转子的力矩。所以通电的步进电机具有自锁的能力，保持转矩是步进电机的重要选用参数之一，通常步进电机在低速时的力矩接近保持转矩。

（3）失步

电机运转时运转的步数，不等于理论上的步数，称之为失步。

（4）动态特性

步进电动机的动态特性将直接影响到系统的快速响应及工作的可靠性，在运行状态的转矩即为动态转矩。当步进电机转动时，电机各相绕组的电感将形成一个反向电动势；频率越高，反向电动势越大。在它的作用下，电机随频率（或速度）的增大而相电流减小，从而导致力矩下降。因此步进电机不能在速度太快的场合使用，每分钟转速不超过 1000 转。动态转矩与脉冲频率的关系称为矩-频特性，如图 4-14 所示。

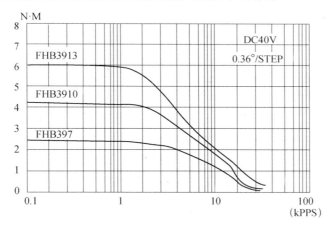

图 4-14　步进电机的矩-频特性曲线

（5）最大空载启动频率

电机在某种驱动形式、电压及额定电流下，在不加负载的情况下，能够直接启动的最大频率。

2. 步进电机的选择

步进电机主要由步距角（涉及到细分）、保持转矩及惯量匹配三大要素组成。一旦三大要素确定，步进电机的型号便确定下来了。

（1）步距角的选择

电机的步距角取决于负载精度的要求，将负载的最小分辨率（当量）换算到电机轴上，每个当量电机应走多少角度（包括减速）。电机的步距角应等于或小于此角度。目前市场上步进电机的步距角一般有 0.36°/0.72°（五相电机）、0.9°/1.8°（二、四相电机）、1.5°/3°（三相电机）等。在模块化机器人中第 3~6 轴，采用最高细分数 64，对应的步距角为 0.028125°。

（2）保持转矩的选择

步进电机的动态力矩一下子很难确定，我们往往先确定电机的保持力矩。保持力矩选择的依据是电机工作的负载，而负载可分为惯性负载和摩擦负载两种。单一的惯性负载和单一的摩擦负载是不存在的。直接启动时（一般由低速）时两种负载均要考虑，加速启动时主要考虑惯性负载，恒速运行进只要考虑摩擦负载。一般情况下，保持力矩应为摩擦负载的 2~3 倍，保持力矩一旦选定，电机的机座及长度便能确定下来（几何尺寸）。

（3）惯量匹配的选择

负载的转动惯量应该和电机轴的转动惯量匹配。

4.2.5　基于 PEC 6000 的电机运动控制指令

在模块化机器人中，除了第 2 个关节采用伺服电机，其他 5 个关节采用步进电机，由 PEC 6000 PLC 向步进电机驱动发送运动控制信号，步进电机驱动器的指令脉冲输入方式采用脉冲方向方式。下面就电机运动的简要指令进行介绍。

1. **读轴状态——MC_ReadStatus**

MC_ReadStatus 指令指示了轴当前的运行状态。通过调用 MC_ReadStatus 指令，读取当前正在运动的轴的详细状况，如轴停止、离散运行、连续运行、同步运行、回原点、加速、恒速、减速等状态。MC_ReadStatus 指令参数见表 4-3。

表 4-3　MC_ReadStatus 指令参数

MC_ReadStatus		
BOOL — Emable　　　ENO — BOOL WORD — Axis　　　Done — BOOL 　　　　　　　Busy — BOOL 　　　　　　　Error — BOOL 　　　　　　ErrorID — BOOL 　　　　　Errorstop — BOOL 　　　　　Stopping — BOOL 　　　　　StandStill — BOOL 　　　　Discretellotion — BOOL 　　　ContinuoosNotion — BOOL 　　　Synchronirallotion — BOOL 　　　　　Homing — BOOL 　　　ConetantVeloeity — BOOL 　　　　Accelerating — BOOL 　　　　Decelerating — BOOL		读取指定轴当前的运动状态和速度状态 运动状态：错误停止状态、停止中状态、停止状态、离散运动状态、连续运动状态、同步运动状态、回原点状态。 速度状态：加速状态、减速状态、恒速状态。 当 Done 为 TRUE 时，表示已经获取到轴上的状态信息，轴的运动状态和速度状态会直接显示在对应的输出引脚上

（续表）

输入	操作数有效范围和长度	数据类型	数据范围	默认值	注解
Enable	I，Q，V，L，M，S，SM，T，C，XI，XQ，能量流	BOOL	TRUE 或 FALSE	FALSE	高电平触发
Axis	IW，QW，VW，LW，MW，SW，SMW，常数	WORD	非负整数	0	轴 ID
输出	操作数有效范围和长度	数据类型	数据范围		注解
ENO	Q，V，L，M，S，SM，XQ，能量流	BOOL	TRUE 成 FALSE		能流输出
Done	Q，V，L，M，S，SM，XQ	BOOL	TRUE 成 FALSE		当 Done 为 TRUE 时，表示指令执行完毕
Busy	Q，V，L，M，S，SM，XQ	BOOL	TRUE 成 FALSE		当 Busy 为 TRUE 时，表示指令正在执行
Error	Q，V，L，M，S，SM，XQ	BOOL	TRUE 成 FALSE		当 Error 为 TRUE 时，表示运行出错
ErrorID	IW，QW，VW，LW，MW，SW，SMW	WORD	非负整数		出错时的错误码
Errorstop	Q，V，L，M，S，SM，XQ	BOOL	TRUE 或 FALSE		当 Errorstop 为 TRUE 时，表示轴产生错误
Stopping	Q，V，L，M，S，SM，XQ	BOOL	TRUE 或 FALSE		当 Stopping 为 TRUE 时，表示轴处于停止过程中
StandStill	Q，V，L，M，S，SM，XQ	BOOL	TRUE 或 FALSE		当 StandStill 为 TRUE 时，表示轴停止
DiscreteMotion	Q，V，L，M，S，SM，XQ	BOOL	TRUE 或 FALSE		当 DiscreteMotion 为 TRUE 时，表示轴离散运动
ContinuousMotion	Q，V，L，M，S，SM，XQ	BOOL	TRUE 或 FALSE		当 ContinuousMotion 为 TRUE 时，表示轴连续运动
SynchronizedMotion	Q，V，L，M，S，SM，XQ	BOOL	TRUE 或 FALSE		当 SynchronizedMotion 为 TRUE 时，表示轴同步运动
Homing	Q，V，L，M，S，SM，XQ	BOOL	TRUE 或 FALSE		当 Homing 为 TRUE 时，表示轴是被参考轴
ConstantVelocity	Q，XI，L，M，S，SM，XQ	BOOL	TRUE 或 FALSE		当 ConstantVelocity 为 TRUE 时，表示轴以恒定速度运动
Accelerating	Q，V，L，M，S，SM，XQ	BOOL	TRUE 或 FALSE		当 Accelerating 为 TRUE 时，表示轴在加速
Decelerating	Q，V，L，M，S，SM，XQ	BOOL	TRUE 或 FALSE		当 Decelerating 为 TRUE 时，表示轴在减速

2. 点动运行——MC_Jog

MC_Jog 指令参数见表 4-4。

表 4-4　MC_Jog 指令参数

MC_Jog	
BOOL — Enable　　　ENO — BOOL WORD — Axis　　　Done — BOOL WORD — Direction　　　Busy — BOOL REAL — Velocity　CommandAborted — BOOL REAL — Acceleration　　　Error — BOOL REAL — Deceleration　　ErrorID — WORD 0 — BufferMode	控制指定轴以设定的速度点动运行。 Enable 为 TRUE 时轴以当前速度为起始速度，达到目标速度后恒速运动。 Enable 为 FALSE 时轴以当前速度为起始速度，减速至停止运动。 Direction：0 为正方向，1 为负方向

输入	操作数有效范围和长度	数据类型	数据范围	默认值	注解
Enable	I，Q，V，L，M，S，SM，T，C，XI，XQ，能量流	BOOL	TRUE 或 FALSE	FALSE	高电平触发
Axis	IW，QW，VW，LW，MW，SW，SMW，常数	WORD	非负整数	0	轴 ID
Direction	IW，QW，VW，LW，MW，SW，SMW，常数	WORD	非负整数	0	0 为正方向，1 为负方向
Velocity	ID，QD，VD，LD，MD，SD，SMD，XID，XQD，PAID，PAQD，常数	REAL	正数	10000	运行目标速度（>0），单位 units/s
Acceleration	ID，QD，VD，LD，MD，SD，SMD，XID，XQD，PAID，PAQD，常数	REAL	非负数	100000	加速度（≥0）；如果为 0，则无加速过程，单位 units/s^2
Deceleration	ID，QD，VD，LD，MD，SD，SMD，XID，XQD，PAID，PAQD，常数	REAL	非负数	100000	减速度（≥0）：如果为 0，则无减速过程，单位 units/s^2
BufferMode	IW，QW，VW，LW，MW，SW，SMW，常数	WORD	非负整数	0	保留

（续表）

输出	操作数有效范围和长度	数据类型	数据范围	注解
ENO	Q，V，L，M，S，SM，XQ，能量流	BOOL	TRUE 成 FALSE	能流输出
Done	Q，V，L，M，S，SM，XQ	BOOL	TRUE 成 FALSE	当 Done 为 TRUE 时，表示指令执行完毕
Busy	Q，V，L，M，S，SM，XQ	BOOL	TRUE 成 FALSE	当 Busy 为 TRUE 时，表示指令正在执行
CommandAborted	Q，V，L，M，S，SM，XQ	BOOL	TRUE 或 FALSE	当 CommandAborted 为 TRUE 时，表示该指令被其他指令打断
Error	Q，V，L，M，S，SM，XQ	BOOL	TRUE 成 FALSE	当 Error 为 TRUE 时，表示运行出错
ErrorID	IW，QW，VW，LW，MW，SW，SMW	WORD	非负整数	出错时的错误码

通过 MC_Jog 指令，控制轴点动运行。Enable 为 TRUE 时，轴运动；Enable 为 FALSE 时，轴停止运动。当 Enable 为 TRUE 时 Busy 变为 TRUE，当 Direction 为 0 时，输出正方向运行信号，正向运行；当 Direction 为 1 时，输出负方向运行信号，反向运行。在运动过程中，若将 Enable 置为 FALSE，则轴开始减速运动，当运动停止时，Done 输出一个脉冲。如果有其他的指令打断此指令，CommandAborted 变为 TRUE，同时 Busy 变为 FALSE；如果在指令执行期间有错误发生，则 Error 变为 TRUE，同时轴将停止，可以通过 ErrorID（错误码）的值找到导致错误的原因。

图 4-15 所示指令图中将 M0.0 置为 TRUE，使能点动功能，M0.2 置为 FALSE，正向点动。

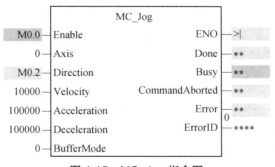

图 4-15　MC_Jog 指令图

图 4-15 的 MC_Jogy 的运动曲线与时序图如图 4-16 所示。

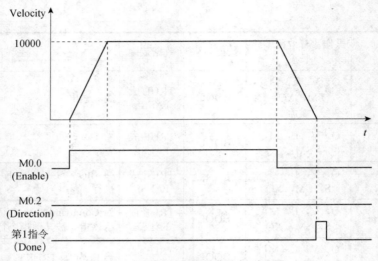

图 4-16　正向点动运行曲线与时序图

4.2.6　基于 PEC 6000PLC 的步进电机的简单控制编程

1. 程序实现要求

该实例程序要求，按下 PEC 6000 PLC1 的 I0.05 按钮实现 1 轴的反转运动，按下 I0.09 按钮实现 1 轴的正转运动，并且 I0.00 和 I0.01 分别接有 1 关节的左右限位开关，分别实现对电机行程的保护。PEC 6000 PLC 硬件地址配置表见表 4-5。

表 4-5　PEC 6000 PLC 硬件地址配置表

PEC 6000 PLC1（1~4 轴）硬件地址配置表					
模块型号		PEC 6000			
输入点	信号	说明		输入状态	
				ON	OFF
I0.00	1EL+	1 轴正向限位		有效	
I0.01	1EL−	1 轴负向限位		有效	
I0.05	1REV	1 轴反转		有效	
I0.09	1FWD	1 轴正转		有效	
输出点	信号	说明		输出状态	
				ON	OFF
HQ0	1CP	1 轴脉冲信号			
Q04	1DIR	1 轴方向信号			

2. PEC 6000 PLC1 端程序

① 读取当前 0 轴即模块化机器人的第 1 轴状态，程序如图 4-17 所示。

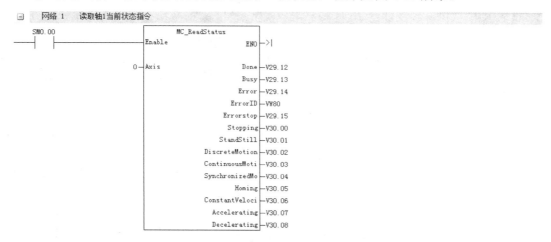

图 4-17　机器人轴 1 状态的读取

② 手动正反转运动程序如图 4-18 所示，通过按钮实现 1 轴的正/反转，当碰到对应方向的限位开关时停止。其中运动方向由整数 VW500 设定，当 VW500 为 0 时正方向，为 1 时负方向。速度为 10000 脉冲/秒，加速度为 40000 脉冲/秒^2，减速度为 50000 脉冲/秒^2。通过双击 MC_Jog 上的配置曲线，可以得到如图 4-19 所示的加减速曲线，也可以利用图示的加减速曲线对参数进行配置。

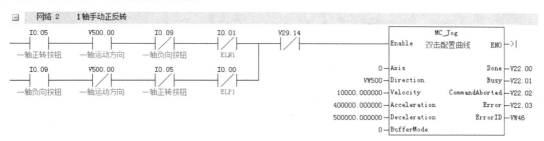

图 4-18　手动正反转运动

③ 设置运动方向，V500.00 为 1 时，对应的 VW500 也为 1，程序如图 4-20 所示。

4.2.7　基于 ModBus 的主从控制方式驱动步进电机正反转

1. 程序实现要求

该实例程序要求在 4.2.6 小节示例程序的基础上，由上层 200 PLC 通过 ModBus 总线实现 1 轴步进电机的正反转运动控制。具体实现是按下上层 200 PLC 的反转按钮 I0.00，通过 ModBus 总线，告诉 PEC 6000 PLC1 实现对 1 轴的反转，碰到负向限位开关停止，并

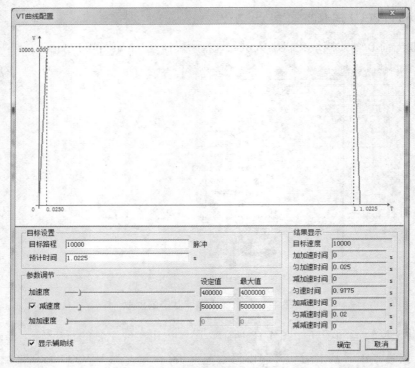

图 4-19　JOG 点动曲线配置图

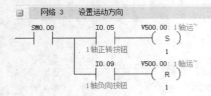

图 4-20　设置运动方向

将碰到负向限位开关的信号通过 ModBus 总线反馈给上层 200 PLC，上层 PLC 的 Q0.0 指示灯亮。类似，按下上层 200PLC 的正转按钮 I0.01，实现 1 轴的正转，碰到正向限位开关停止，上层 Q0.1 指示灯亮。此时，S7-200 PLC 硬件地址配置表见表 4-6，PEC 6000 硬件地址配置表见表 4-7，S7-200 PLC 通信配置表见表 4-8。

表 4-6　S7-200 PLC 硬件地址配置表

PLC1 主站硬件地址配置表				
PLC 型号	CPU224XP CN DC/DC/DC			
PLC 厂商	西门子			
输入点	信号	说明	输入状态	
			ON	OFF
I0.0	+direction	正向运动	有效	
I0.1	−direction	负向运动	有效	

（续表）

输出点	信号	说明	输出状态	
			ON	OFF
Q0.0	+Limit_SIG	正向限位指示灯	有效	
Q0.1	−Limit_SIG	负向限位指示灯	有效	

表 4-7　PEC 6000 硬件地址配置表

PEC 6000 PLC1（1～4 轴）硬件地址配置表				
模块型号	PEC 6000			
输入点	信号	说明	输入状态	
			ON	OFF
I0.00	1EL+	1 轴正向限位	有效	
I0.01	1EL−	1 轴负向限位	有效	
输出点	信号	说明	输出状态	
			ON	OFF
HQ0	1CP	1 轴脉冲信号		
Q04	1DIR	1 轴方向信号		

表 4-8　S7-200 PLC 通信配置表（实验）

PLC 主站通信地址配置表										
单元名称	S7-200PLC 主站									
PLC 型号	CPU224XP CN									
PLC 厂商	西门子									
端口 0	ModBus 通信									
端口 1	PPI 通信									
输出（S7-200 PLC 至 PEC 6000 PLC1）										
S7-200					PEC 6000 PLC1					
通道号（CH）	位	说明	状态		写入对应通道	位	说明	状态		
			1	0				1	0	
VW300 对应（VB300 和 VB301）	V300.0		有效	无效	VW0	V0.08		有效	无效
	...		有效	无效		...		有效	无效
	V301.0	正向运动按下	有效	无效		V0.00	正向运动写入	有效	无效
	V301.1	负向运动按下	有效	无效		V0.01	负向运动写入	有效	无效
	...		有效	无效		...		有效	无效
	V301.7		有效	无效		V0.07		有效	无效

（续表）

输入（PEC 6000 PLC1 至 S7-200 PLC）								
S7-200					PEC 6000 PLC1			
读入 通道号	位	说明	状 态		通道号	说明	状 态	
			1	0			1	0
VW600 对应 （VB600 和 VB601）	V600.0	读入正限位按下	有效	无效	VW4	V4.08	正限位按下	有效	无效
	V600.1	读入负限位按下	有效	无效		V4.09	负限位按下	有效	无效
	…		有效	无效		…		有效	无效
	V600.7		有效	无效		V4.15		有效	无效
	V601.0		有效	无效		V4.00		有效	无效
	…		有效	无效		…		有效	无效
	V601.7		有效	无效		V4.07		有效	无效

2. 200PLC 端程序

① 上电初始化，并且初始化 ModBus 主站传输的相关参数。MSBUS_CTRL 初始化主站，波特率为 9600bps，没有奇偶校验，从站最长的响应时间为 100ms。主站初始化完毕后，置 M0.1 初始化成功标志为 1。主站初始化程序见图 4-21。

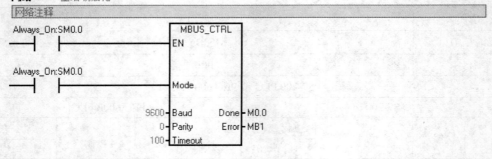

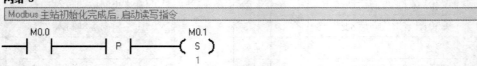

图 4-21 主站初始化

② 正向运动 I0.0 有信号时，置 V301.0 为 1；负向运动 I0.1 有信号时，置 V301.1 为 1；设置对应的主站 S7 200 的传输数据 VW300，程序见图 4-22。

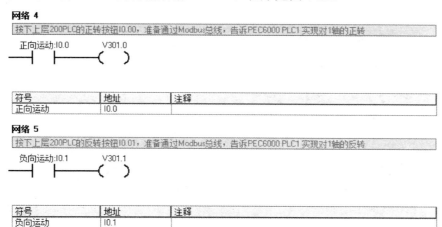

图 4-22　运动方向设置

③ 开机按下对应的运动控制按钮时，置写从站使能，关闭读从站使能，并开始写从站，将主站地址于 &VB300 的数据 VW300 写入 1 号从站的地址为 42337 的用户寄存器 VW0 中，程序见图 4-23。

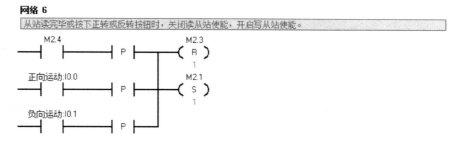

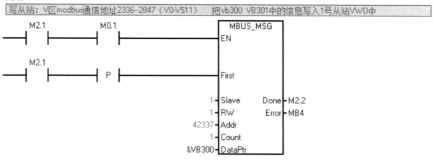

图 4-23　写从站

④ 写从站完毕，置读从站使能，并将 1 号从站地址为 42341 的用户寄存器的值 VW4 读入主站地址为&VB600 的 VW600 中，程序见图 4-24。

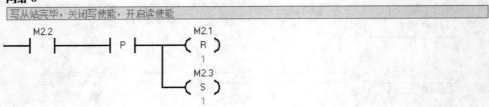

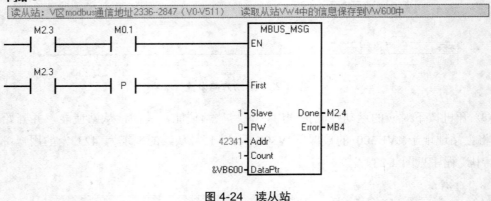

图 4-24　读从站

⑤ 正向运动和负向运动采用点动方式，当按钮弹起时关闭读从站和写从站使能，相当于系统复位，程序见图 4-25。

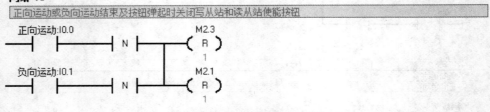

图 4-25　关闭读/写从站使能

⑥ 根据读取到的底层 PEC6000 PLC1 限位开关状态置对应的状态指示灯，程序见图 4-26。

3. PEC 6000 端程序

① 如图 4-27 所示，读取 1 轴的当前状态，通过上位机 S7-200 传来的数据 VW0，来实现 1 轴的正/反转，当碰到对应方向的限位开关时停止。其中运动方向由整数 VW500 设定，当 VW500 为 0 时正方向，为 1 时负方向。速度为 10000 脉冲/秒，加速度为 40000 脉冲/秒^2，减速度为 50000 脉冲/秒^2。

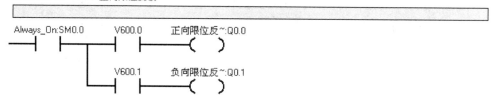

图 4-26　根据限位开关状态反馈亮指示灯

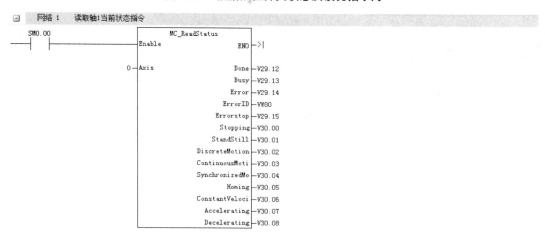

图 4-27　读取 1 轴状态，并手动控制正反转

② 根据上位机 S7-200 传来的数据 VW0 设置运动方向，程序见图 4-28。

图 4-28　设置运转方向

③ 当碰到左或右的限位开关时，置对应的标志位 V4.08、V4.09，这样当上位机通过 ModBus 总线读数据时，就可以将限位开关状态读回主站，程序见图 4-29。

图 4-29　反馈限位状态

4.3　任务 3——直流伺服电机控制基础认识

4.3.1　直流电机

直流电机（Direct Current Machine）是指能将直流电能转换成机械能（直流电动机）或将机械能转换成直流电能（直流发电机）的旋转电机。它是能实现直流电能和机械能互相转换的电机。当它作为电动机运行时是直流电动机，将电能转换为机械能；作为发电机运行时是直流发电机，将机械能转换为电能。

直流电机的结构应由定子和转子两大部分组成，如图 4-30 所示。直流电机运行时静止不动的部分称为定子，定子的主要作用是产生磁场，由机座、主磁极、换向极、端盖、轴承和电刷装置等组成。运行时转动的部分称为转子，其主要作用是产生电磁转矩和感应电动势，是直流电机进行能量转换的枢纽，所以通常又称为电枢，由转轴、电枢铁芯、电枢绕组、换向器和风扇等组成。

图 4-30　直流电机结构图

直流电机里边有电枢绕组（转子绕组），电流通过转子上的线圈产生安培力，伸开左手，使拇指与其余四个手指垂直，并且都与手掌在同一平面内；让磁感线从掌心进入（从

N 指向 S），并使四指指向电流的方向，这时拇指所指的方向就是通电导线在磁场中所受安培力的方向。这就是判定通电导体在磁场中受力方向的左手定则。当转子上的线圈与磁场平行时，再继续转动其受到的磁场方向将改变，因此此时转子末端的电刷跟转换片交替接触，从而线圈上的电流方向也改变，产生的安培力方向不变，所以电机能保持一个方向转动。直流电机磁转动示意图如图 4-31 所示。

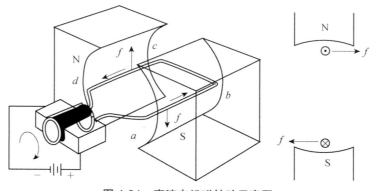

图 4-31　直流电机磁转动示意图

4.3.2　直流伺服电机调速

有两种方法可以控制小型直流电动机。最简单的方法是利用与电动机串联连接的变阻器，控制加到负载上的功率。这种配置称为线性控制，如图 4-32 所示。

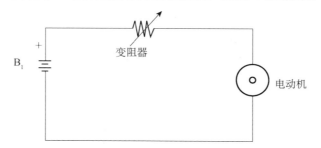

图 4-32　采用串联连接可变电阻器控制电动机

变阻器与负载一起构成可变电压分压器。通过改变变阻器的电阻，加到电动机上的电压也随之改变，从而使电动机的速度和转矩也发生改变。另外考虑到电动机是一种可变的负载，在实际的线性控制中，不采用电阻器直接控制通过电动机的电流，而是控制通过晶体管基级的电流，如图 4-33 所示。

第二种方法是利用 PWM（Pulse Width Modulation，PWM 是指在一定的时间周期中，通过控制高电平所占的比例来输出脉冲的方式）进行线性功率控制，其工作原理如图 4-34 所示，电路示意图如图 4-35 所示。作用电动机上的功率总量，取决于控制电压的每个脉冲的宽带或者工作周期。如果脉冲宽度与脉冲间隔是相同的，我们就说工作周期是 50%，因此施加到负载上的平均功率是 50%。如果脉冲宽度扩展了，那么施加到电动机上的平均功率就会以同样的比例增大。

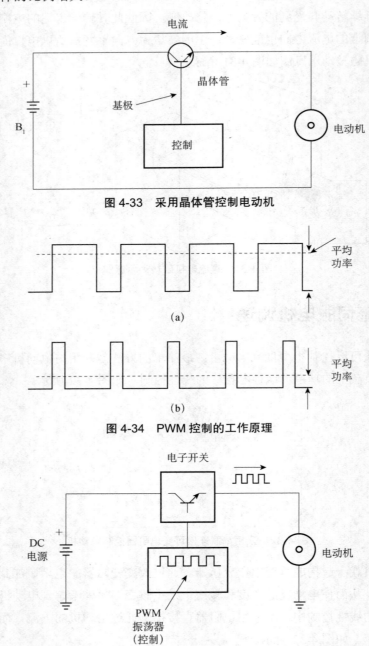

图 4-33　采用晶体管控制电动机

图 4-34　PWM 控制的工作原理

图 4-35　用晶体管作为开关去接通和关闭通过电机的电流

可以清楚地看出，通过 PWM 方式控制高电平脉冲在整个时间周期的宽度，可以改变作用在电动机或任何其他负载上的平均功率。控制作用在负载上的脉冲宽度的过程，称为调制，而这种电路类型被称为脉宽调制（PWM）功率控制。脉宽调制电动机控制，对于控制直流电动机的速度和转矩来说，是很有效的，通过直流电动机施加精确控制。

脉宽调制直流调速如图 4-36 所示。当输入一个直流控制电压 U 时就可得到宽度与 U 成比例的脉冲方波给伺服电动机电枢回路供电。通过改变脉冲宽度来改变电枢回路的平均电压，得到不同大小的电压值 U_a，使直流电动机平滑调速。设开关 S 周期性地闭合、断开，开和关的周期是 T，在一个周期 T 内，闭合的时间是 t，开断的时间是 $T-t$。若外加电源电压 U 为常数，则电源加到电动机电枢上的电压波形将是一个方波列，其高度为 U，宽度为 t，则一个周期内电压的平均值为：

$$U_a = \frac{1}{T}\int_0^t U\, \mathrm{d}t = \frac{t}{T}U = \mu U$$

式中，$u = t/T$ 称为导通率，又称占空系数。

当 T 不变时，只要连续地改变 t（$0 \sim T$）就可以连续地使 U_a 由 0 变化到 U，从而达到连续改变电动机转速之目的。在实际应用的 PWM 系统中，采用大功率三极管代替 S，其开关频率一般为 2000Hz，即 $T=0.05$ms，它比电动机的机械时间常数小得多，故不至于引起电动机转速脉动，常选用的开关频率为 500～2500Hz。图 4-36 中的二极管为续流二极管，当 S 断开时，由于电感 L_a 的存在，电动机的电枢电流 I_a 可通过它形成回路而继续流动，因此尽管电压呈脉动状，而电流还是连续的。

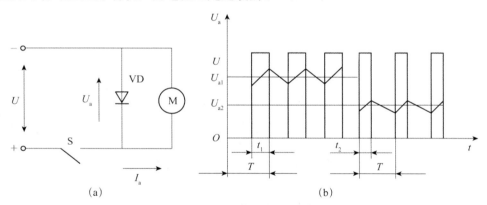

图 4-36　PWM 直流调速原理图

直流伺服电动机用直流供电，为调节电动机转速和方向需要对其直流电压的大小和方向进行控制，并且直流伺服电机还需要对电机的运行速度和角度进行控制，因此还需要添加对应的传感反馈。通过添加光电编码器（见图 4-37）来反馈电机运行的速度和角度，并将传感器信号输入到直流伺服电机驱动系统中进行控制。典型的伺服系统原理图如图 4-38 所示，该系统包括 PWM 功率放大器，以及速度负反馈、位置负反馈等环节。控制系统是对 PWM 功放电路进行控制，接收电压、速度、位置变化信号，并对其进行处理产生正确的控制信号，控制栅功率放大器工作，使直流伺服电动机运行在给定状态中。

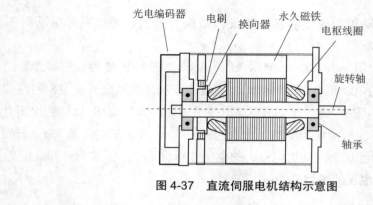

图 4-37　直流伺服电机结构示意图

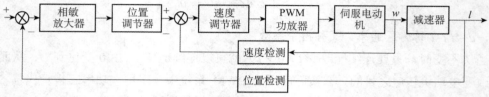

图 4-38　直流伺服系统的原理图

4.4　任务 4——交流伺服电机控制基础认识

4.4.1　交流电机

　　直流电动机分为定子绕组和转子绕组，定子绕组产生磁场。当通直流电时，定子绕组产生固定极性的磁场。转子绕组通直流电在磁场中受力，于是转子在磁场中就旋转起来。因而，直流电机是磁场不动，转子在磁场中旋转运动；交流电机是定子绕组通交流电，导致定子磁场旋转运动，从而引起转子绕组中感应电流的磁场相互作用而产生电磁转矩驱动转子旋转。

　　交流电动机有同步电动机与异步电动机两大类。同步电动机的转速与旋转磁场的转速同步，亦即与所接电源频率之间存在一种严格不变的关系。同步电动机励磁是由转子直流励磁绕组（或永久磁铁）产生的，而异步电机则不是，定子绕组接上电源以后，由电源供给励磁电流，建立磁场，依靠电磁感应作用，使转子绕组感生电流，产生电磁转矩，以实现能量变换。因而其转子转速与旋转磁场的转速有转差，故称为异步电动机，又因其转子电流是由电磁感应作用而产生的，故也成为感应电动机。

4.4.2　异步电机

　　三相异步电动机转动原理如图 4-39 所示，图中 N 和 S 表示两极旋转磁场，转子只示意两根导条，当如图示旋转磁场向顺时针方向旋转时，其磁力线切割转子的导条，导条中就感应出电动势，在电动势的作用下，闭合的导条中将产生电流，电流与旋转磁场相互作用而使转子导条受到电磁力 F 作用。电磁力的方向可用左手定则来确定。由电磁力产生电磁转矩，转子就转动起来了。

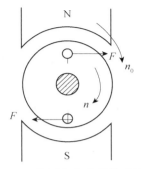

图 4-39　三相异步电动机转动原理图

普通异步电机的定子绕组接交流电网，转子绕组不需与其他电源连接。因此，它具有结构简单，制造、使用和维护方便，运行可靠以及质量较小，成本较低等优点。异步电机有较高的运行效率和较好的工作特性，从空载到满载范围内接近恒速运行，能满足大多数工农业生产机械的传动要求。

绕线式转子异步电动机的转子接线示意图如图 4-40 所示。

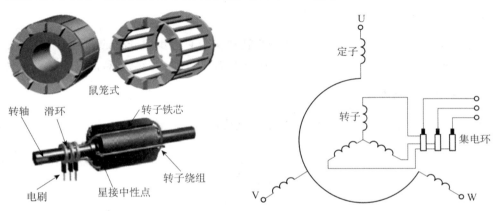

图 4-40　绕线式转子异步电动机的转子接线示意图

异步电动机的同步转速，即旋转磁场的转速为

$$n_1 = \frac{60f}{P} \tag{4-5}$$

式中，n_1——同步转速（r/min）；

　　　f——定子频率（电源频率 Hz）；

　　　P——磁极对数。

异步电动机的转速为

$$n = (1-s)\,n_1 = \frac{60f}{P}(1-s) \tag{4-6}$$

式中，s——转差率。

由式（4-6）可知，要调节异步电动机的转速应从 P、s、f 三个分量入手，因此，异步电动机的调速方式可分为 3 种，即变极调速、变转差率调速和变频调速。

1. 交流电动机的调速方式

（1）变极调速

笼型异步电动机可通过改变电动机绕组的接线方式，使电动机从一种极对数变为另一种极对数，从而实现异步电动机的变极调速。变极调速所需设备简单，价格低廉，工作也比较可靠。变极调速电动机的关键在于绕组设计，以最少的绕组抽头和接线达到最好的电动机技术性能指标。

（2）变转差率调速

对于绕线式异步电动机，可通过调节串联在转子绕组中的电阻值（调组调速）、在转子电路中引入附加的转差电压（串级调速），调整电动机定子电压（调压调速）以及采用电磁转差离合器（电磁离合器调速）改变气隙磁场等方法实现变转差率，从而对电动机进行无极调速。变转差率调速尽管效率不高，但在异步电动机调速技术中仍占有重要的地位。

（3）变频调速

通过改变定制绕组供电频率来改变同步转速实现对异步电动机的调速，在调速过程中从高速到低速都可以保持有限的转差率，因而具有高效率、宽范围和高精度的调速性能。

2. 交流电动机功率输出

因为电机转子是旋转的，它输出的是电磁转矩 T_M 和转速 n_M，输出功率为机械功率 P_2，有

$$P_2 = \frac{T_M n_M}{9550} \tag{4-7}$$

式中，P_2——电动机的输出功率，kW；

T_M——电动机的电磁转矩，N·m；

n_M——电动机轴上的转速，r/min。

4.4.3 同步电机

同步电动机属于交流电机，定子绕组与异步电动机相同。定子侧输入三相交流电，不同的只是在转子侧同时通一个直流电源，产生相对定子方向不变的磁场，这个磁场旋转（其示意图见图 4-41）的速度和由定子产生的旋转磁场速度是相等的，所以成为同步电机。

由于同步电机在结构上比异步电机复杂，还需要有直流电源来励磁，价格比较贵，维护也比较复杂，所以一般在小容量设备中还是采用异步电动机。在大容量的设备中，尤其在低速、恒速的拖动设备中，如拖动恒速的轧钢机、电动发电动机组、压缩机、离心泵、球磨机等，应优先考虑同步电动机。

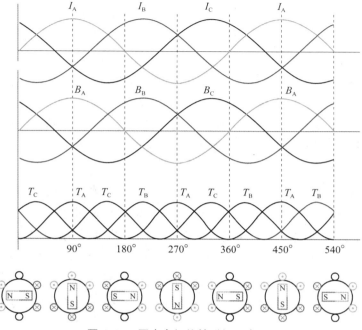

图 4-41　同步电机旋转磁场示意图

4.4.4　交流伺服电机

与普通交流电机一样，交流伺服电机也由定子和转子构成。但其定子上却有两个绕组，即励磁绕组和控制绕组，两个绕组在空间相差 90°电角度，如图 4-42 所示。伺服电机内部的转子是永久磁铁，转子在此励磁绕组与控制绕组形成的磁场的作用下转动。其中，励磁绕组固定接在外部电源上，当控制绕组电压为 0 时，电动机无启动转矩，转子不转。当有控制电压加在控制绕组上时（励磁电流和控制电流不同相），控制电压越高，转子转动也就越快，当加在控制绕组上的控制电压反相时，电机转子的运动方向亦将相反。同时电机自带的编码器反馈信号给驱动器，驱动器根据反馈值与目标值进行比较，调整转子转动的角度。伺服电机的精度取决于编码器的精度。

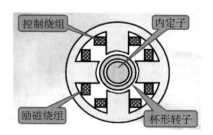

图 4-42　交流伺服电机剖面图

交流伺服电机的三种控制方式：

① 转矩控制　转矩控制方式是通过外部模拟量的输入或直接的地址的赋值来设定电机轴对外的输出转矩的大小，具体表现为（例如 10V 对应 5N·m 的话），当外部模拟量设定为 5V 时电机轴输出转矩为 2.5N·m；如果电机轴负载低于 2.5N·m 时电机正转，外部负载等于 2.5N·m 时电机不转，大于 2.5N·m 时电机反转（通常在有重力负载情况下产生）。可以通过即时改变模拟量的设定来改变设定的力矩大小，也可通过通信方式改变对应的地址的数值来实现。主要应用在对材质的受力有严格要求的缠绕和放卷的装置中，例如绕线装置或拉光纤设备，转矩的设定要根据缠绕的半径的变化随时更改以确保材质的受力不会随着缠绕半径的变化而改变。

② 位置控制　位置控制模式一般是通过外部输入的脉冲的频率来确定转动速度的大小，通过脉冲的个数来确定转动的角度，也有些伺服可以通过通信方式直接对速度和位移进行赋值。由于位置模式可以对速度和位置都有很严格的控制，所以一般应用于定位装置，其应用领域如数控机床、印刷机械等。位置控制模式也支持直接负载外环检测位置信号，此时的电机轴端的编码器只检测电机转速，位置信号就由直接的最终负载端的检测装置来提供了，这样的优点在于可以减少中间传动过程中的误差，增加了整个系统的定位精度。

③ 速度模式　通过模拟量的输入或脉冲的频率都可以进行转动速度的控制，在有上位控制装置的外环 PID 控制时速度模式也可以进行定位，但必须把电机的位置信号或直接负载的位置信号传输给上位反馈以作运算用。

4.4.5　Panasonic A5 伺服驱动器参数设定

1. 需要设定的参数

Panasonic A5 伺服驱动器基本参数设定表见表 4-9。

表 4-9　Panasonic A5 伺服驱动器基本参数设定表

参数编号 Pr.	参数名称	设定值	说明
0.01*	控制模式选择	0	位置控制模式
0.02	实时自动调整设置	1	基本
0.03	实时自动增益的机械刚性选择	16	
0.04	惯量比	1000	
0.07*	指令脉冲驶入方式	3	脉冲序列+符号
6.04	JOG 速度设定	100	

注：编号带*之参数，其设定值必须在控制电源断电重启之后才能修改成功。

Pr0.01*控制模式选择见表 4-10，设定值的范围为 0～6，出厂设置值为 0，这里保留出厂设置。

表 4-10　Pr0.01*控制模式选择

设定值	内容	
	第 1 模式	第 1 模式
0	位置	—
1	速度	—
2	转矩	—
3※1	位置	速度
4※1	位置	转矩
5※1	速度	转矩
6	全闭环	—

设定为 3、4、5 的复合模式时，通过控制模式选择输入（C-MODE）可任选第 1、第 2 中的一个（见图 4-43）。

C-MODE 接通时：选择第 1 模式。

C-MODE 短路时：选择第 2 模式。

选择前后 10ms 之内请勿输入指令。

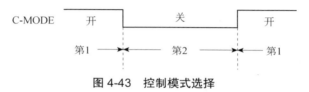

图 4-43　控制模式选择

Pr0.02 设定实时自动调整动作模式（见表 4-11），设定值范围为 0~6，出厂设置值为 1，这里保留出厂设置。

表 4-11　设定实时自动增益调整的动作模式

设定值	模式	动作中负载惯量的变化程度
0	无效	实时自动调整功能无效
1	标准	基本的模式。重视稳定性的模式。不进行可变载荷及摩擦补偿，也不使用增益切换
2	定位*1	重视定位的模式。水平轴等无可变载荷，摩擦也建议使用小滚珠螺杆驱动等机器
3	垂直轴*2	除了定位模式之外，还补偿垂直轴等的可变载荷，以易于抑制定位稳定时间的偏差
4	摩擦补偿*3	除垂直轴模式之外，还通过摩擦较大的皮带驱动轴等，以易于缩短定位稳定时间
5	载荷特性测试	不变更现在所设定的参数，只进行载荷特性推断。与安装支持软件组合使用
6	用户设定*4	将实时自动调整功能的组合，用 Pr6.32「实时自动调整用户设定」进行详细设定，可根据用途进行用户设定

Pr0.03 用于实时自动调整机器刚性的设定，设定值的范围为 0～31，这里设置值为 16。

伺服电机驱动器机械刚性设置如图 4-44 所示。设定值变高，则速度应答性变高，伺服刚性也提高，但变得容易产生振动。

图 4-44　伺服电机驱动器机械刚性设置图

Pr0.04 用于惯量比的设定，设定值的范围为 0～10000，这里设置值为 1000。

设定相应电机转动惯量的负载惯量比，公式如下：

$$Pr0.04=（负载惯量/转动惯量）×100\%$$

实时自动增益调整有效时，实时推断惯量比，每 30min 一次地保存在 EEPROM 中。

惯量比设定正确时，Pr0.01、Pr0.06 的设定单位为 Hz。Pr0.04 惯量比与实际相比较大时，速度环增益单位将变大；Pr0.04 惯量比与实际相比较小时，速度环增益单位将变小。

在进行自动增益调整或手动增益调整前，必须首先进行惯量比的确定。伺服电机的惯量直接关系到伺服电机的稳定性和精确性：

① 惯量越小，精度越高；

② 惯量越大，稳定性越高。

根据惯量比，可以估算出伺服系统的加减速时间是否满足设备工艺要求。惯量比和电机功率的选择与匹配，是由控制系统要求、加减速时间的大小来确定。

Pr0.06*指令用于脉冲级性设置，设定值的范围为 0～1，标准出厂设置为 0，这里取标准出厂设置。

Pr0.07*指令用于脉冲输入模式设置，设定值的范围为 0～3，这里设置值为 3。

表 4-12 为伺服驱动器指令脉冲的输入形态。

表 4-12　伺服驱动器指令脉冲的输入形态

Pr0.06 (指令脉冲极性设定) 设置值	Pr0.07 (指令脉冲输入模式设置) 设置值	指令脉冲形式	信号名称	正方向指令	负方向指令
0	0 或者 2	90°相位差两相脉冲（A 相+B 相）	PULS SIGN	A相 B相 B相比A相超前90°	A相 B相 B相比A相滞后90°

（续表）

Pr0.06（指令脉冲极性设定）设置值	Pr0.07（指令脉冲输入模式设置）设置值	指令脉冲形式	信号名称	正方向指令	负方向指令
0	1	正方向脉冲序列 + 负方向脉冲序列	PULS SIGN	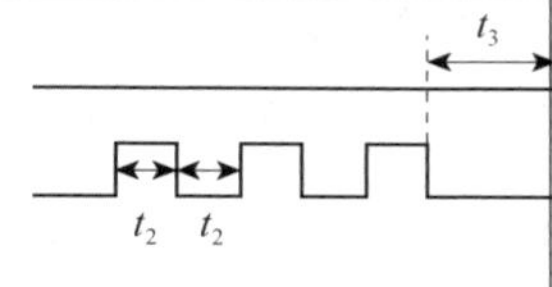	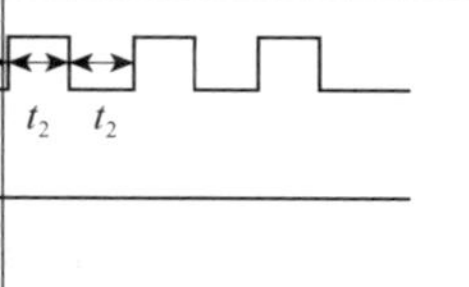
	3	脉冲序列 + 符号	PULS SIGN	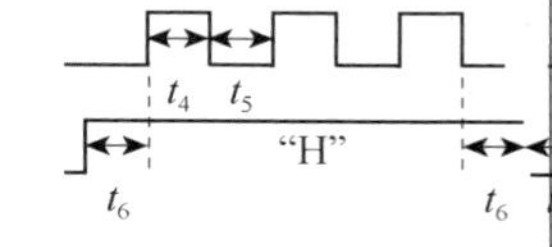	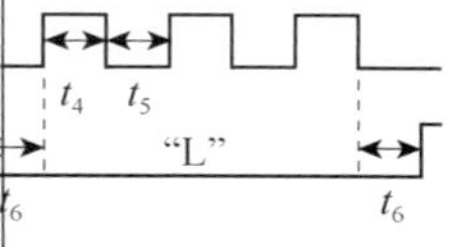
1	0 或者 2	90° 位相差 两相脉冲 （A 相+B 相）	PULS SIGN	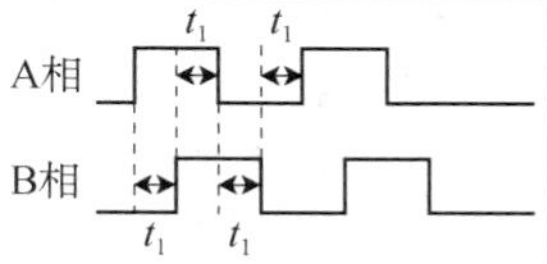 B相比A相滞后90°	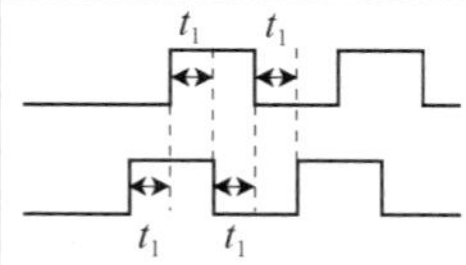 B相比A相超前90°
	1	正方向脉冲序列 + 负方向脉冲序列	PULS SIGN	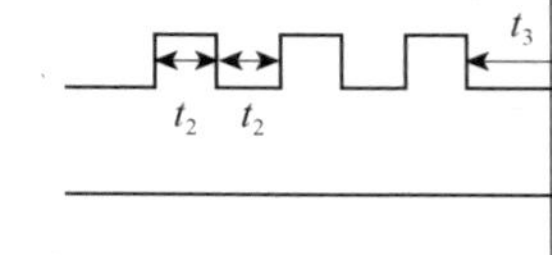	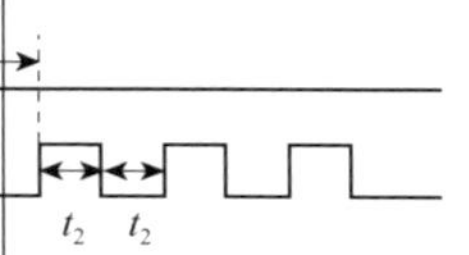
	3	脉冲序列 + 符号	PULS SIGN	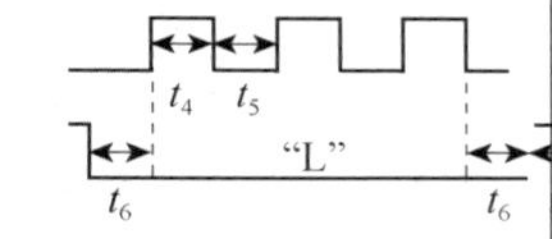	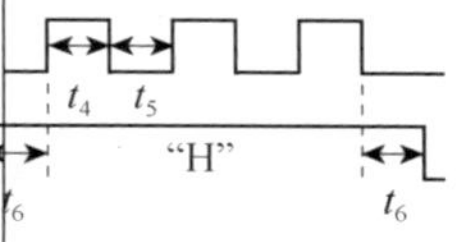

Pr6.04 用于设定 JOG 试机指令速度，设定值的范围为 0～500，这里设置值为 100。

2. 参数的修改

用于设定伺服电机相关的参数。

① 按设置键 S 进入参数 d**.uEP 设置模式；

② 按模式键 M 进入参数 Prr.***设置模式，如图 4-45 所示，再按键 S 进入参数修改模式。

③ EEPROM 写入模式，用于将上面设定的参数写入驱动器的存储器中，如图 4-46 所示。

3. 试运行方法

用于通过伺服驱动器面板控制伺服电机的运行，如图 4-47 所示。

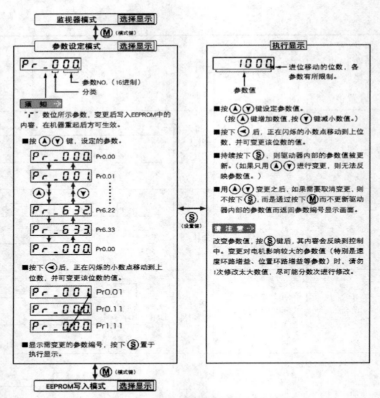

图 4-45　伺服电机驱动器参数设置模式

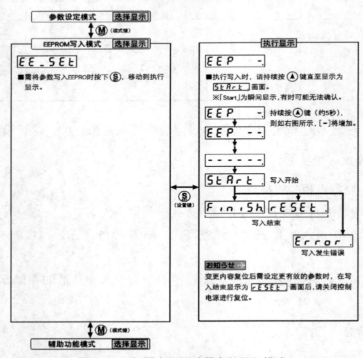

图 4-46　伺服电机驱动器参数写入模式

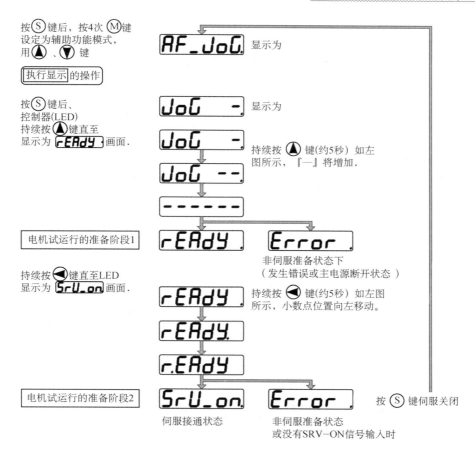

按⑤键后，按4次 Ⓜ 键
设定为辅助功能模式，
用 ▲ 、▼ 键

执行显示 的操作

按⑤键后、
控制器(LED)
持续按 ▲ 键直至
显示为 rEAdy 画面.

电机试运行的准备阶段1

持续按 ◀ 键直至LED
显示为 SrU_on 画面.

电机试运行的准备阶段2

AF_JoG　显示为

JoG　-　显示为

持续按 ▲ 键(约5秒) 如左
图所示，『—』将增加.

rEAdy　Error
非伺服准备状态下
（发生错误或主电源断开状态）

持续按 ◀ 键(约5秒) 如左图
所示，小数点位置向左移动。

SrU_on.　Error
伺服接通状态　非伺服准备状态
或没有SRV−ON信号输入时

按 ⑤ 键伺服关闭

准备阶段2的伺服接通后，
按 ▲ 键，则向CCW方向，按 ▼ 键向CW方向以Pr3D(JOG速度)设定的速度进行旋转.
不按 ▲ 、▼ 键，则电机停止旋转.

图 4-47　伺服电机驱动器试运行设置示意图

4.4.6　PEC 6000 读写轴位置控制指令

1. **写轴位置指令——**MC_WriteActualPosition

MC_WriteActualPosition 指令参数表见表 4-13。

表 4-13　MC_WriteActualPosition 指令参数表

MC_WriteActualPosition		设置指定轴的当前绝对位置。
BOOL — Enscwte　ENO — BOOL		指令使能后，修改轴的当前绝对位置为 Position 值。
WORD — Axis　Done — BOOL		轴错误时，写入的 Position 值无效
REAL — Position　Busy — BOOL		
BOOL — ReferenceType　Pailure — BOOL		
WORD — Relative　Error — BOOL		
WORD — ExecutionMode　ErrorID — WORD		

输入	操作数有效范围和长度	数据类型	数据范围	默认值	注解
Execute	I, Q, V, L, M, S, SM, T, C, XI, XQ, 能量流	BOOL	TRUE 或 FALSE	FALSE	上升沿触发
Axis	IW, QW, VW, LW, MW, SW, SMW, 常数	WORD	非负整数	0	轴 ID
Position	ID, QD, VD, LD, MD, SD, SMD, XID, XQD, PAID, PAQD, 常数	REAL	正数、负数、0	0	轴的位置，单位 units，类型取决于 ReferenceType 的值
ReferenceType	I, Q, V, L, M, S, SM, T, C, XI, XQ	BOOL	0 或 1	保留	0 为目标位置 1 为实时位置
Relative	IW, QW, VW, LW, MW, SW, SMW, 常数	WORD	非负整数	保留	保留
ExecutionMode	IW, QW, VW, LW, MW, SW, SMW, 常数	WORD	非负整数	0	保留
输出	操作数有效范围和长度	数据类型	数据范围		注解
ENO	Q, V, L, M, S, SM, XQ, 能量流	BOOL	TRUE 成 FALSE		能流输出
Done	Q, V, L, M, S, SM, XQ	BOOL	TRUE 成 FALSE		当 Done 为 TRUE 时，表示指令执行完毕
Busy	Q, V, L, M, S, SM, XQ	BOOL	TRUE 成 FALSE		当 Busy 为 TRUE 时，表示指令正在执行
Failure	Q, V, L, M, S, SM, XQ	BOOL	TRUE 或 FALSE		当 Failure 为 TRUE 时，表示写位置失败
Error	Q, V, L, M, S, SM, XQ	BOOL	TRUE 成 FALSE		当 Error 为 TRUE 时，表示运行出错
ErrorID	IW, QW, VW, LW, MW, SW, SMW	WORD	非负整数		出错时的错误码

通过 MC_ WriteActualPosition 指令，设置轴的实际位置。该指令仅在高电平时执行，且会停止当前轴的运动。通过 MC_ WriteActualPosition 设置的位置同样可以打断正在对该轴控制的运动。

2. 读轴位置指令——MC_ReadActualPosition

MC_ReadActualPosition 指令参数见表 4-14。

表 4-14　MC_ReadActualPosition 指令参数

MC_ReadActualPosition	读取指定轴的当前绝对位置。
BOOL — Enable　　　　ENO — BOOL WORD — Axis　　　　　Done — BOOL 　　　　　　　　　　　Busy — BOOL 　　　　　　　　　　　Error — BOOL 　　　　　　　　　ErrorID —WORD 　　　　　　　　Position — REAL	指令使能后，实时读取轴的当前绝对位置值，读取的结果显示在 Position 引脚上。 轴错误时，读取的 Position 值无效

输入	操作数有效范围和长度	数据类型	数据范围	默认值	注解
Enable	I，Q，V，L，M，S，SM，T，C，XI，XQ，能量流	BOOL	TRUE 或 FALSE	FALSE	高电平触发
Axis	IW，QW，VW，LW，MW，SW，SMW，常数	WORD	非负整数	0	轴 ID

输出	操作数有效范围和长度	数据类型	数据范围	注解	
ENO	Q，V，L，M，S，SM，XQ，能量流	BOOL	TRUE 成 FALSE	能流输出	
Done	Q，V，L，M，S，SM，XQ	BOOL	TRUE 成 FALSE	当 Done 为 TRUE 时，表示指令执行完毕	
Busy	Q，V，L，M，S，SM，XQ	BOOL	TRUE 成 FALSE	当 Busy 为 TRUE 时，表示指令正在执行	
Error	Q，V，L，M，S，SM，XQ	BOOL	TRUE 成 FALSE	当 Error 为 TRUE 时，表示运行出错	
ErrorID	IW，QW，VW，LW，MW，SW，SMW	WORD	非负整数	出错时的错误码	
Position	ID，QD，VD，LD，MD，SD，SMD，XID，XQD，PAID，PAQD D	REAL	正数、负数、0	轴的当前位置，单位为 units	

通过 MC_ ReadActualPosition 指令，读取轴的实际位置。单轴控制指令中，控制器对伺服器是以脉冲为单位，而对轴的速度的控制也是以"脉冲 / 秒"为单位。MC_ReadActualPosition 以输出了多少脉冲来表示轴的实际位置。

3. 设置位置和读取位置

图 4-48 中将 M0.0 置为 TRUE，程序调用 MC_WriteActualPosition 指令，将轴 0 的位置设置为 Position 引脚对应的值，即 Position 对应的位置为 34000 脉冲单位；然后将 M0.2 置为 TRUE，程序调用 MC_ReadActualPosition 指令，读取轴 0 的位置，此时 Position 所对应的 MD12 的值为 34000。

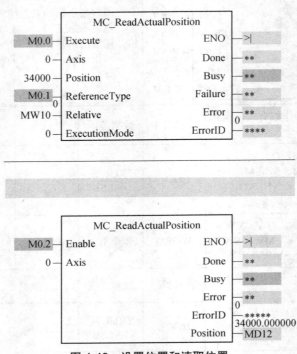

图 4-48　设置位置和读取位置

4.4.7　通过 200PLC 和 PEC 6000 PLC1 驱动伺服电机

1. 程序实现要求

该实例程序要求在当上层 200PLC 的按钮 I0.00 有信号时，可以启动对伺服电机的控制，通过 PEC 6000 PLC1 的 I0.6 按钮实现 2 轴的反转，I0.10 按钮实现 2 轴的正转，并且由 I0.2 和软限位分别实现对电机行程的保护。由于第二个关节只有 1 个限位开关，因此另一个方向的限位采用距离第一限位一定位置角度的程序设定值的方式来实现，该程序设定值就称为软件限位。该位置设定值写入 VD252 数据块中，当碰到负向限位 I0.2 时上层 200PLC 的 Q0.0 指示灯亮，碰到正向限位及软限位时上层 200PLC 的 Q0.1 指示灯亮。

该实例的 S7-200PLC 硬件地址配置、PEC 6000 PLC 硬件地址配置、S7-200 PLC 通信配置分别见表 4-15、表 4-16 和表 4-17。

表 4-15　S7-200PLC 硬件地址配置表

S7-200 PLC 主站硬件地址配置表					
PLC 型号		CPU224XP CN DC/DC/DC			
PLC 厂商		西门子			
输入点	信号	说明		输入状态	
				ON	OFF
I0.00	Start	开始伺服电机工作		有效	
I0.05	2ALM	2 轴伺服报警		有效	
Q0 输出点	信号	说明		输出状态	
				ON	OFF
Q0.0	Limit_SIG	硬限位 1 指示灯		有效	
Q0.1	limit_SIG	软限位 2 指示灯		有效	

表 4-16　PEC 6000 PLC 硬件地址配置表（实验）

PEC 6000 PLC1（1～4 轴）硬件地址配置表					
模块型号		PEC 6000			
输入点	信号	说明		输入状态	
				ON	OFF
I02	2EL−	2 轴负限位		有效	
I06	2REV	2 轴反转		有效	
I10	2FWD	2 轴正转		有效	
输出点	信号	说明		输出状态	
				ON	OFF
HQ1	1CP	2 轴脉冲信号			
Q05	1DIR	2 轴方向信号			

表 4-17 S7-200 PLC 通信配置表（实验）

PLC 主站通信地址配置表	
单元名称	S7-200PLC 主站
PLC 型号	CPU224xp CN
PLC 厂商	西门子
端口 0	ModBus 通信
端口 1	PPI 通信

输出（S7-200 PLC 至 PEC 6000 PLC1）

S7-200					PEC 6000 PLC1				
通道号（CH）	位	说明	状态 1	状态 0	写入对应通道	位	说明	状态 1	状态 0
VW300 对应（VB300 和 VB301）	V300.0		有效	无效	VW0	V0.08		有效	无效
	…		有效	无效		…		有效	无效
	V300.7		有效	无效		V0.15		有效	无效
	V301.0	伺服可以开始	有效	无效		V0.00	伺服控制请求	有效	无效
	…		有效	无效		V0.01	…	有效	无效
	V301.7		有效	无效		V0.07		有效	无效

输入（PEC 6000 PLC1 至 S7-200 PLC）

S7-200					PEC 6000 PLC1				
读入通道号	位	说明	状态 1	状态 0	通道号	位	说明	状态 1	状态 0
VW600 对应（VB600 和 VB601）	V600.0	读入软限位作用	有效	无效	VW4	V4.08	软限位作用	有效	无效
	V600.1	读入负限位按下	有效	无效		V4.09	负限位按下	有效	无效
	…		有效	无效		…		有效	无效
	V600.7		有效	无效		V4.15		有效	无效
	V601.0		有效	无效		V4.00		有效	无效
	…		有效	无效		…		有效	无效
	V601.7		有效	无效		V4.07		有效	无效

2. 主站 S7-200 端程序

主站 S7-200 端程序的编写可以参考 4.2.7 小节介绍的实例，由于 4.2.7 小节的实例中电机的正方向运动控制由 S7-200 上的 I0.00 和 I0.01 的按钮信号来确定，而在本程序实例中，通过 I0.00 来启动伺服电机控制。也就是通过 I0.00 来启动 ModBus 总线主站写指令，告诉下层 PEC 6000 PLC 可以实现对伺服电机的操作。

① 上电初始化，并且初始化 ModBus 主站传输的相关参数，程序见图 4-49。

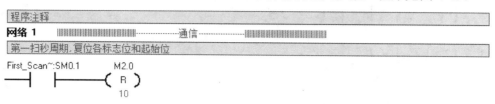

符号	地址	注释
First_Scan_On	SM0.1	仅第一个扫描周期中接通为 ON

网络 2　主站初始化

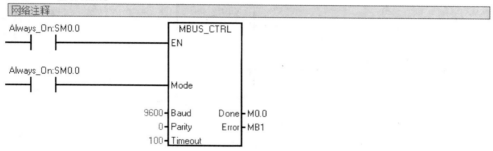

符号	地址	注释
Always_On	SM0.0	始终接通为 ON

网络 3

Modbus 主站初始化完成后,启动读写指令

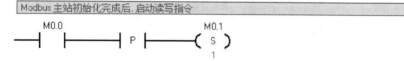

图 4-49　初始化

② 按下 I0.0 伺服电机启动按钮，并将伺服可以开始信号 V301.0 置为 1，程序见图 4-50。

网络 4

通信开始 按下 I0.0 置 V301.0,准备通过 ModBus 总线传输控制数据

图 4-50　启动信号

③ 按下 S7-200 伺服启动 I0.0 或读从站完毕后，开启写从站使能，关闭读从站使能，开始通过 ModBus 总线发送数据到 PEC 6000 PLC1，程序见图 4-51。

④ 写从站完毕，开启读从站并将底层 PEC 6000 地址为 42341 的寄存器 VW4 数据读入 S7-200 的 VW600 中，程序见图 4-52。

网络 5

按下伺服启动或读从站完毕后，开启写从站使能，关闭读从站使能

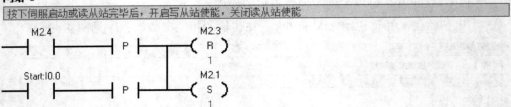

符号	地址	注释
Start	I0.0	

网络 6

写从站：V区ModBus通信地址2336--2847（V0-V511）　把vb300 VB301中的信息写入1号从站VW0中

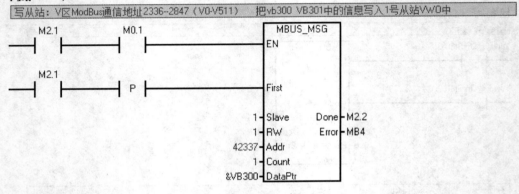

图 4-51　写从站

网络 7

写从站完毕，设置读从站使能

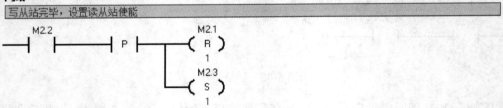

网络 8

读从站：V区ModBus通信地址2336--2847（V0-V511）　读取从站VW4中的信息保存到VW600中

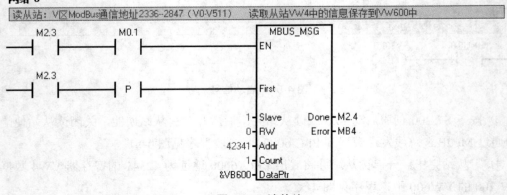

图 4-52　读从站

⑤ 根据读取到的底层 PEC6000 PLC1 限位开关状态置对应的状态指示灯，程序见图 4-53。

图 4-53　反馈对应状态指示灯

3. 从站 PEC 6000 端程序

从站端程序需要读取所要驱动的轴状态，并通过 PEC 6000 PLC1 上所接的 2 轴负向（即 I0.06）和 2 轴正向（即 I0.10）来实现电机的正反转控制。但是由于 2 轴只装有负向运动的限位开关，因此需要先负向运动到对应限位位置，设置 2 轴负限位的位置为绝对零点位置。这样 VD252 寄存器中电机运行的位置才能得到标定。否则容易导致 VD252 中记载的位置不准确，正向运动的软限位位置不准，2 轴运动将超程。程序具体如图 4-54 所示。

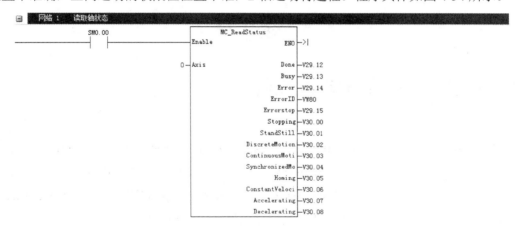

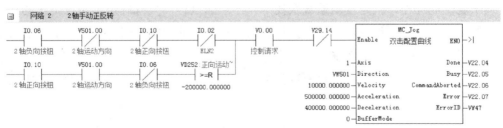

图 4-54　伺服电机控制 PEC 6000 PLC1 从站端程序

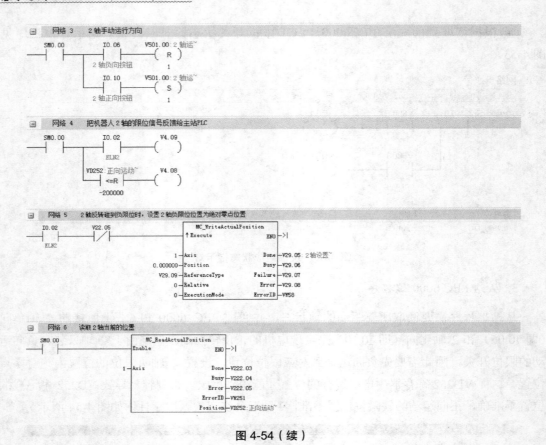

图 4-54（续）

4.5　任务 5——单轴复位控制

该实例程序要求，当上层 200PLC 的按钮 I0.00 有信号时，通过 ModBus 总线告诉 PEC 6000 PLC1 对所连接的 1 轴电机进行顺时针运动，实现 1 轴的正转直到碰到限位开关电机停止，暂停 5s 后，往负向移动 25000 个脉冲的距离，执行完毕后，通过 ModBus 总线反馈给 200PLC，200PLC 上所连接的复位完毕指示灯 Q0.1 亮。

系统复位的过程，就是控制系统查找工作零点的过程。只有确定了系统工作的初始状态，才能确保在运行过程中对其各个执行机构进行有效的控制，保证每一次上电后可以进行位置控制，实现位置控制系统的功能。

步进电机和伺服电机的复位需要进行零点查找。查找零点的方式有多种，基本的三种如下：

- 确定一个方向运动找到零点（这种适用于转盘类）；
- 确定一个方向，找其限位做零点；

● 确定一个方向，先找一端的限位，再反向运动一定的距离作为设定的零点，如图 4-55 所示。

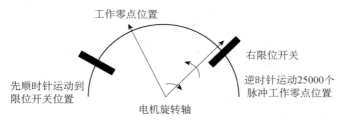

图 4-55　系统复位回工作零点示意图

在本复位控制项目中，采用第三种方式查找原点。其中找限位的方式可以采用 MC_Jog 指令，如图 4-56 所示，当方向 V500.00 取正向，正向运动标志 V101.01 为 1时，并且不是停止状态及已经复位完成状态时，可以通过 MC_Jog 一直运动到碰到限位停止。

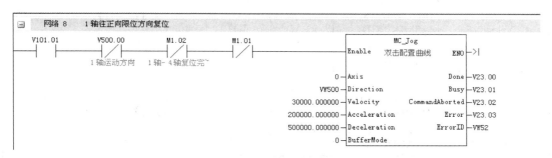

图 4-56　1 轴正限位方向运动

当碰到一端的限位后，反向运动 25000 个脉冲的距离可以采用相对定位 MC_MoveRelative 指令来实现，到达工作零点后，通过 MC_WriteActualPosition 指令将当前记录的坐标值设为零，并最后通过 MC_ReadActualPosition 将所设置的零点坐标存入轴位置记录寄存器 VD256 中。MC_MoveRelative 具体的使用说明见表 4-18。

表 4-18　MC_MoveRelative 具体的使用说明

MC_MoveRelative		
BOOL — Execute　　　　ENO — BOOL WORD — Axis　　　　　　Done — BOOL REAL — Distance　　　　Busy — BOOL REAL — Velocity　　　　Active — BOOL REAL — Acceleration　CommandAborted — BOOL REAL — Deceleration　　Error — BOOL REAL — Jerk　　　　　ErrorID — WORD WORD — BufferMode		控制指定轴从当前位置运动指定的距离，距离值为负时，表示向负方向运动。 　　指令使能后，轴的目标位置为轴的当前绝对位置加 Distance；速度以当前速度为起始速度，到达目标位置时速度为 0。 　　该指令加减速曲线支持"梯型曲线"和"S型曲线"，曲线运动模式支持中止模式和缓冲模式

输入	操作数有效范围和长度	数据类型	数据范围	默认值	注解
Execute	I，Q，V，L，M，S，SM，T，C，XI，XQ，能量流	BOOL	TRUE 或 FALSE	FALSE	上升沿触发
Axis	IW，QW，VW，LW，MW，SW，SMW，常数	WORD	非负整数	0	轴 ID
Distance	ID，QD，VD，LD，MD，SD，SMD，XID，XQD，PAID，PAQD，常数	REAL	正数、负数、0	10000	相对运动位置，单位 units，负值表示向负方向运动
Velocity	ID，QD，VD，LD，MD，SD，SMD，XID，XQD，PAID，PAQD，常数	REAL	正数	10000	运行目标速度（＞0），单位 units/s
Acceleration	ID，QD，VD，LD，MD，SD，SMD，XID，XQD，PAID，PAQD，常数	REAL	非负数	100000	加速度（≥0）；如果为 0，则无加速过程，单位 units/s²
Deceleration	ID，QD，VD，LD，MD，SD，SMD，XID，XQD，PAID，PAQD，常数	REAL	非负数	100000	减速度（≥0）；如果为 0，则无减速过程，单位 units/s²
Jerk	ID，QD，VD，LD，MD，SD，SMD，XID，XQD，PAID，PAQD，常数	REAL	非负数	0	加加（减减）速度（≥0）；如果为 0，速度曲线为梯形，如果非 0，速度曲线为 S 形，单位 units/s³
BufferMode	IW，QW，VW，LW，MW，SW，SM	WORD	非负整数	0	曲线运行模式选择。0：中止模式，此时 Done 输出时，表示曲线运动停止。1：缓冲模式，此时 Done 输出时，表示曲线插补结束，轴会持续运动一段时间后才停止

（续表）

输出	操作数有效范围和长度	数据类型	数据范围	注解
ENO	Q，V，L，M，S，SM，XQ，能量流	BOOL	TRUE 或 FALSE	能流输出
Done	Q，V，L，M，S，SM，XQ	BOOL	TRUE 或 FALSE	当 Done 为 TRUE 时，表示指令执行完毕
Busy	Q，V，L，M，S，SM，XQ	BOOL	TRUE 或 FALSE	当 Busy 为 TRUE 时，表示指令正在执行
Active	Q，V，L，M，S，SM，XQ	BOOL	TRUE FALSE	当 Active 为 TRUE 时，表示轴正在运动
CommandAborted	Q，V，L，M，S，SM，XQ	BOOL	TRUE 或 FALSE	当 CommandAborted 为 TRUE 时，表示该指令被其他指令打断
Error	Q，V，L，M，S，SM，XQ	BOOL	TRUE 或 FALSE	当 Error 为 TRUE 时，表示运行出错
ErrorID	IW，QW，VW，LW，MW，SW，SMW	WORD	非负整数	出错时的错误码

通过 MC_MoveRelative 指令，可以使轴运行到 Distance 引脚参数指定的相对目标位置（以当前位置作为起始位置）。指令正在运行时，如果执行了控制相同轴的其他运动控制指令，此时该指令运行会被打断，CommandAborted 变为 TRUE。

往负向运动程序见图 4-57。

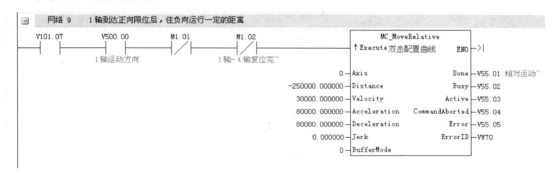

图 4-57　往负向运动

其中单轴复位实现的硬件地址配置表和通信配置表分别见表 4-19～表 4-21。

表 4-19　S7-200 PLC 硬件地址配置表

PLC1 主站硬件地址配置表	
PLC 型号	CPU224XP CN DC/DC/DC
PLC 厂商	西门子

（续表）

输入点	信号	说明	输入状态	
			ON	OFF
I0.0	Reset	复位	有效	
I0.4	Stop	复位停止		
输出点	信号	说明	输出状态	
			ON	OFF
Q0.0	Reset_status	复位进行中指示灯	有效	
Q0.1	Reset_Ok	复位完成指示灯	有效	

表 4-20　PEC 6000 硬件地址配置表

PEC 6000 PLC1（1~4 轴）硬件地址配置表				
模块型号	PEC6000			
输入点	信号	说明	输入状态	
			ON	OFF
I00	1EL+	1 轴正向限位	有效	
I01	1EL-	1 轴负向限位	有效	
输出点	信号	说明	输出状态	
			ON	OFF
HQ0	1CP	1 轴脉冲信号		
Q04	1DIR	1 轴方向信号		

表 4-21　PLC 通信配置表（实验）

PLC 主站通信地址配置表	
单元名称	S7-200PLC 主站
PLC 型号	CPU224XP CN
PLC 厂商	西门子
端口 0	ModBus 通信
端口 1	PPI 通信

输出（S7-200 PLC 至 PEC 6000 PLC1）									
S7-200					PEC 6000 PLC1				
通道号（CH）	位	说明	状 态		写入对应通道	位	说明	状 态	
			1	0				1	0
VW300 对应（VB300 和 VB301）	V300.0		有效	无效	VW0	V1.00		有效	无效
	...		有效	无效		...		有效	无效
	V300.7		有效	无效		V1.07		有效	无效
	V301.0	联机请求 ok	有效	无效		V0.00	联机请求 ok	有效	无效
	V301.1	复位命令	有效	无效		V0.01	复位命令	有效	无效
	...		有效	无效		...		有效	无效
	V301.5	急停命令	有效	无效		V0.05	急停命令	有效	无效
	V301.6	报警信号	有效	无效		V0.06	报警信号	有效	无效
	V301.7		有效	无效		V0.07		有效	无效
输入（PEC 6000 PLC1 至 S7-200 PLC）									
S7-200					PEC 6000 PLC1				
读入通道号	位	说明	状 态		通道号		说明	状 态	
			1	0				1	0
VW600 对应（VB600 和 VB601）	V600.0		有效	无效	VW4	V5.00		有效	无效
	...		有效	无效		...		有效	无效
	V601.0		有效	无效		V4.00		有效	无效
	V601.1	复位中	有效	无效		V4.01	复位中	有效	无效
	V601.2	复位完成	有效	无效		V4.02	复位完成	有效	无效
	...		有效	无效		...		有效	无效
	V601.7		有效	无效		V4.07		有效	无效

4.5.1　第 1 轴复位程序及实现

编程流程图如图 4-58 所示，在 S7-200 主站端的实现程序与上文介绍的类似，为了保证通信有效性，因此在主站开机设置联机工作状态标志。然后主站先通过写 ModBus 总线发送复位指令，通过读 ModBus 从站得到复位轴对应的状态指示，并亮对应的指示灯。

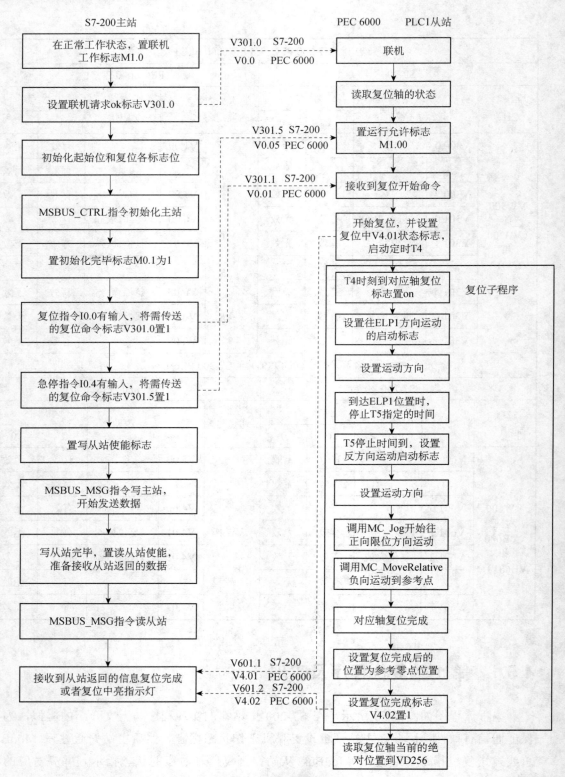

图 4-58　第 1 轴复位程序流程图

1. 主站 S7-200 端程序

① 开机初始化，设置主站联机标志，程序见图 4-59。

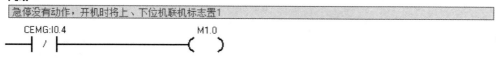

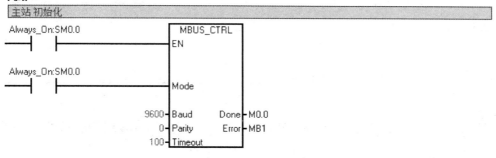

图 4-59 开机初始化

② 主站初始化，程序见图 4-60。

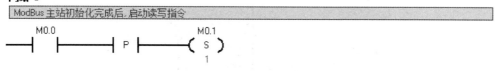

图 4-60 主站初始化

③ 根据对应 S7-200 的按钮信号设置通信状态标志，程序见图 4-61。

网络 6

按下上层200PLC的复位按钮I0.00，准备通过ModBus总线告诉PEC6000 PLC1 实现对1轴的复位

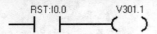

符号	地址	注释
RST	I0.0	

网络 7

按下上层200PLC的急停按钮I0.04，准备通过ModBus总线，告诉PEC6000 PLC1紧急停止

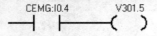

图 4-61　置对应的按钮信号

④ 置从站写使能，并开始写从站，程序见图 4-62。

网络 8

从站读完毕或按下开机第一扫描周期，关闭读从站使能，开启写从站使能。

符号	地址	注释
First_Scan_On	SM0.1	仅第一个扫描周期中接通为 ON

网络 9

开机第一扫描周期后，置位M3.1

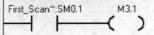

网络 10

写从站：V区ModBus通信地址2336~2847（V0~V511）　把VB300 VB301中的信息写入1号从站VW0中

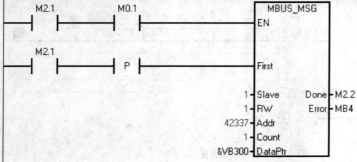

图 4-62　写从站

⑤ 写从站完毕，置从站读使能，并开始读从站，程序见图 4-63。

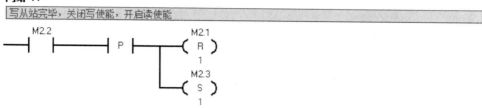

图 4-63　读从站

⑥ 根据从站返回信号，亮对应的指示灯，程序见图 4-64。

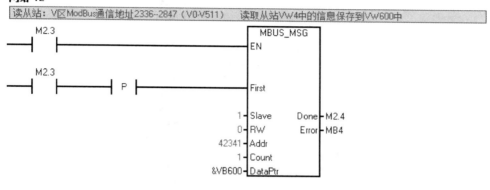

符号	地址	注释
Clock_1s	SM0.5	在 1s 的循环周期内，接通为 ON 0.5 s，关断为 OFF 0.5 s

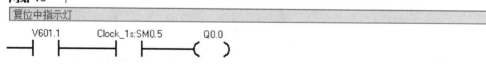

图 4-64　根据反馈状态亮对应指示灯

2. 从站 PEC 6000 端程序

① 联机请求，读取 1 轴状态，并设置下位机运行标志，程序见图 4-65。

② 接收到复位指令，准备复位，程序见图 4-66。

③ 设置复位运动的运动方向，程序见图 4-67。

④ 开始复位，程序见图 4-68。

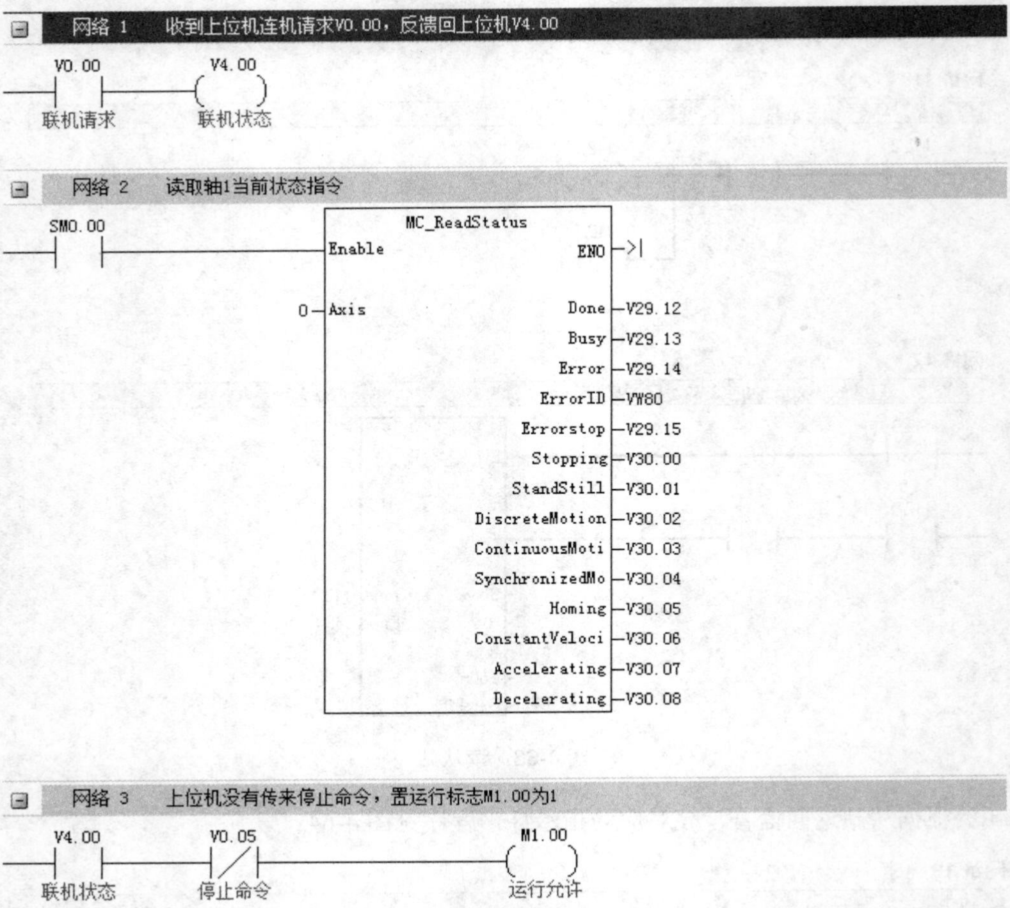

| 网络 1 | 收到上位机连机请求V0.00，反馈回上位机，V4.00 |

```
   V0.00                    V4.00
 ──┤ ├───────────────────────( )──
  联机请求                   联机状态
```

| 网络 2 | 读取轴1当前状态指令 |

```
  SM0.00              MC_ReadStatus
 ──┤ ├──────────────┤Enable      ENO├──>│

              0 ──── Axis         Done├── V29.12
                                  Busy├── V29.13
                                 Error├── V29.14
                               ErrorID├── VW80
                              Errorstop├── V29.15
                              Stopping├── V30.00
                             StandStill├── V30.01
                          DiscreteMotion├── V30.02
                          ContinuousMoti├── V30.03
                         SynchronizedMo├── V30.04
                                Homing├── V30.05
                          ConstantVeloci├── V30.06
                            Accelerating├── V30.07
                            Decelerating├── V30.08
```

| 网络 3 | 上位机没有传来停止命令，置运行标志M1.00为1 |

```
   V4.00      V0.05                    M1.00
 ──┤ ├────────┤/├──────────────────────( )──
  联机状态    停止命令                  运行允许
```

图 4-65　联机并设置运行标志

| 网络 4 | 接收到S7 200从ModBus传输过来的复位开始指令V0.01 |

```
   V0.01                              V99.07
 ──┤ ├──────────┤P├────────────────────( )──
  复位命令
```

| 网络 5 | 在运行允许及复位完成信号情况下，开始复位，并设置复位中状态V4.01 |

```
   V99.07      M1.00     V101.05        V100.00
 ──┤ ├─────────┤ ├────────┤/├────────────( )──
              运行允许    复位完成       复位开始
   V100.00
 ──┤ ├──┘                              V4.01
  复位开始                              ( )──
                                       复位中状态

                                              T4
                                           ┌──────┐
                                        ───┤EN    │
                                           │  TON │
                                        5 ─┤PT    │
                                           └──────┘
```

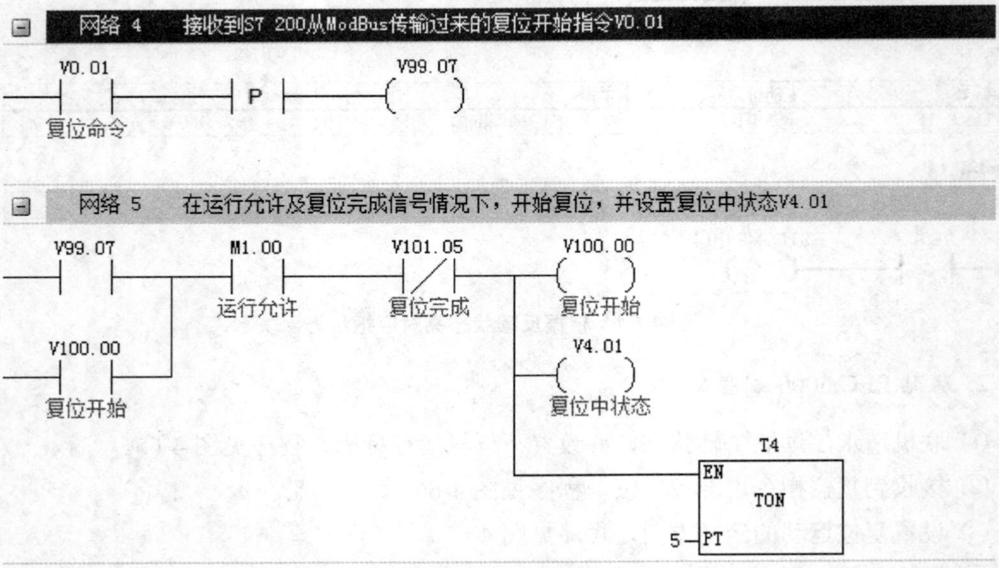

图 4-66　接收到复位指令

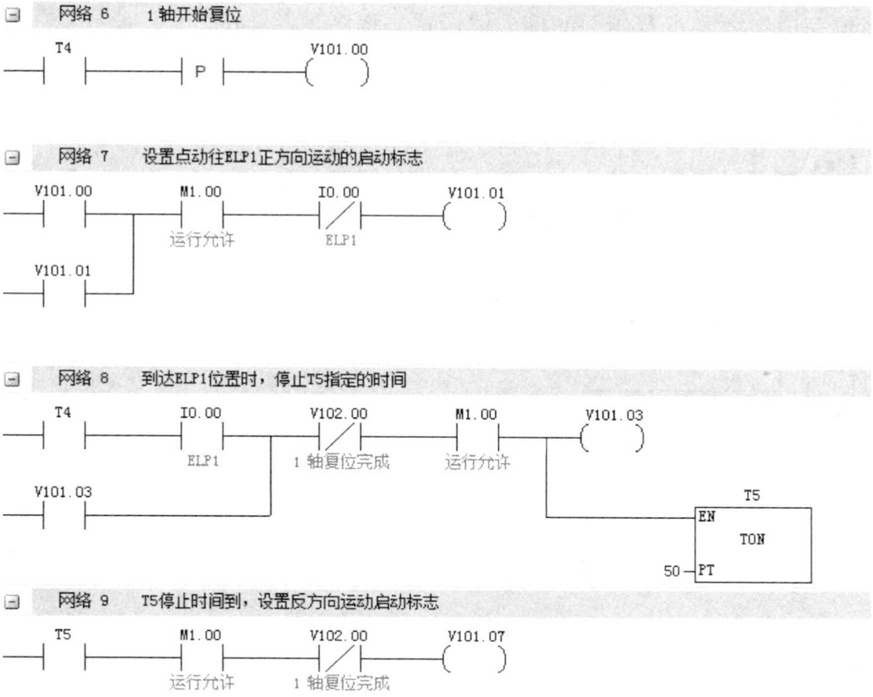

网络 6　1轴开始复位

```
    T4              P          V101.00
----| |----------| |----------(   )----
```

网络 7　设置点动往ELP1正方向运动的启动标志

```
  V101.00      M1.00        I0.00      V101.01
----| |--------| |----------|/|----------(   )----
    |         运行允许       ELP1
  V101.01
----| |----
```

网络 8　到达ELP1位置时，停止T5指定的时间

```
    T4          I0.00       V102.00      M1.00        V101.03
----| |--------| |----------|/|----------|/|----------(   )----
    |          ELP1       1轴复位完成   运行允许
  V101.03                                          |            T5
----| |----                                        |        ┌────────┐
                                                   └────────┤EN  TON │
                                                             │        │
                                                      50 ────┤PT      │
                                                             └────────┘
```

网络 9　T5停止时间到，设置反方向运动启动标志

```
    T5          M1.00       V102.00      V101.07
----| |--------| |----------|/|----------(   )----
              运行允许     1轴复位完成
```

图 4-67　设置运动方向标志

网络 10　设置运动方向

```
  SM0.00      V101.01     V500.00  1轴运~
----| |--------| |----------(  R  )----
    |                        1
    |        V101.07     V500.00  1轴运~
    └────────| |----------(  S  )----
                             1
```

网络 11　1轴开始往正向限位方向运动直到碰到限位停止

```
  V101.01     V500.00     V102.00      V29.14              MC_Jog
----| |--------| |----------|/|----------|/|--------┤Enable  双击配置曲线  ENO├──>|
            1轴运动方向   1轴复位完成
                                              0 ────┤Axis           Done├── V23.00
                                          VW500 ────┤Direction      Busy├── V23.01
                                   30000.000000 ────┤Velocity  CommandAborted├── V23.02
                                  200000.000000 ────┤Acceleration  Error├── V23.03
                                  500000.000000 ────┤Deceleration ErrorID├── VW52
                                              0 ────┤BufferMode
```

网络 12　1轴开始往负向运行25000个脉冲的距离到指定的参考点位置

```
  V101.07     V500.00     V102.00                    MC_MoveRelative
----| |--------| |----------|/|--------↑┤Execute 双击配置曲线  ENO├──>|
            1轴运动方向   1轴复位完成
                                              0 ────┤Axis          Done├── V55.01 相对运动~
                                 -250000.000000 ────┤Distance      Busy├── V55.02
                                   30000.000000 ────┤Velocity    Active├── V55.03
                                   80000.000000 ────┤Acceleration CommandAborted├── V55.04
                                   80000.000000 ────┤Deceleration Error├── V55.05
                                       0.000000 ────┤Jerk       ErrorID├── VW70
                                              0 ────┤BufferMode
```

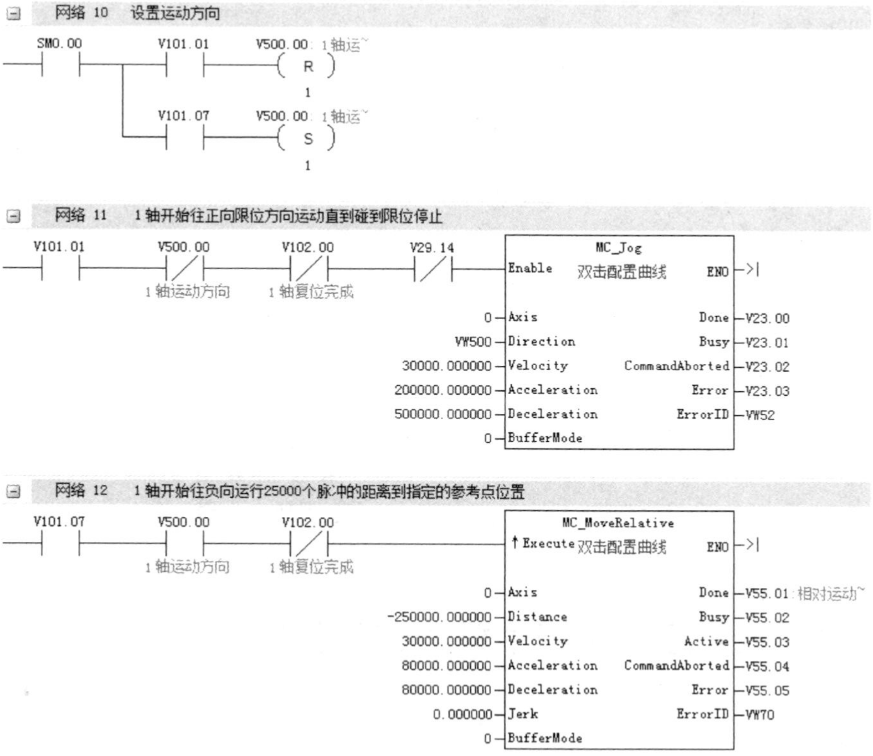

图 4-68　1轴复位回参考零点

⑤ 复位完成参考零点及相关的标志位设置，程序见图 4-69。

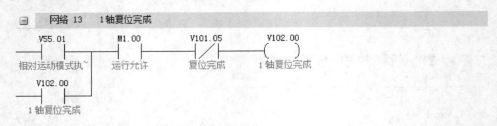

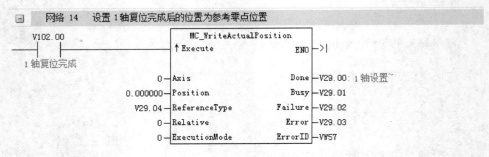

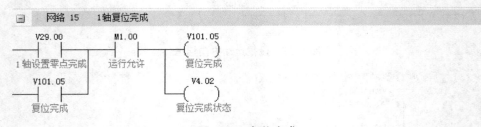

图 4-69　复位完成

⑥ 读取当前轴的位置值，程序见图 4-70。

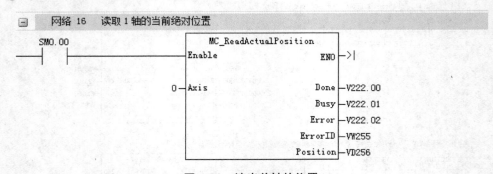

图 4-70　读当前轴的位置

4.5.2　采用主程序与子程序模块实现复位

1. 子程序的添加

PLC_Config 指令支持添加子程序功能，用户可以通过以下两种方式添加子程序：

①　通过"编辑"→"程序块"→"导入并添加子程序"菜单；

②　在"子程序"目录树上右击，选择"添加"命令。

在弹出的"创建新程序"对话框（见图 4-71）中输入程序名称，并选择相应的程序类型，之后单击"确定"按钮即可。子程序名称不可为空。

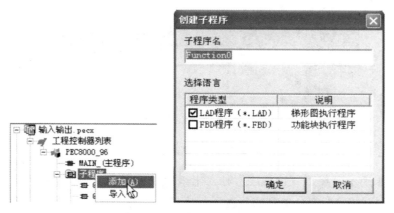

图 4-71　添加子程序图例

单击某子程序结点，按 Delete 键，或在右键菜单中选择"删除"命令，即可将该子程序删除。

2. 导入子程序

在子程序结点右键菜单中选择"导入"命令，在本地选择功能块或梯形图程序，即可实现导入功能。

3. 子程序的调用

子程序调用可分为直接插入子程序和 CALL 指令调用两种。

（1）直接插入子程序指令

如图 4-72 所示，在界面空白处单击"Enter"键，可浏览到当前程序所包含的子程序与其他指令，选择需要的子程序即可将其添加到程序中。

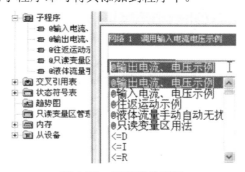

图 4-72　子程序的调用

（2）CALL 指令调用

如图 4-73 所示，在界面空白处添加 CALL 指令，在"符号"一栏中选择指定子程序，确定后 CALL 指令将自动变成子程序功能块。

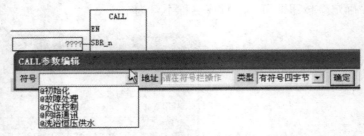

图 4-73　CALL 指令调用

4. 采用主程序与子程序模块实现复位的编程思路

如图 4-74 所示，将"复位程序"独立出来形成子程序，也就是将 4.5.1 小节介绍的实例的网络 6 到网络 15 部分考到或写到子程序部分。并将子程序命名为复位程序，直接调用。而 200PLC 端程序和 4.5.1 小节介绍的一样，只是在 PEC 6000 的 PLC1 的 main 程序端稍有不同。具体程序，如图 4-74 所示。

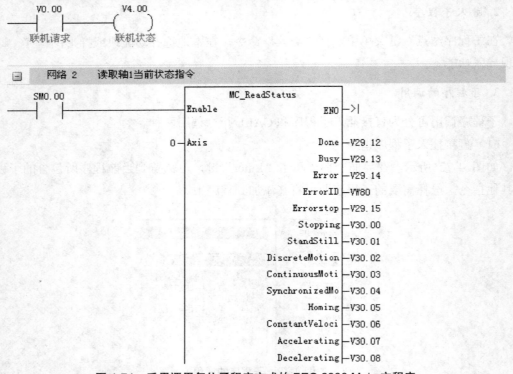

图 4-74　采用调用复位子程序方式的 PEC 6000 Main 主程序

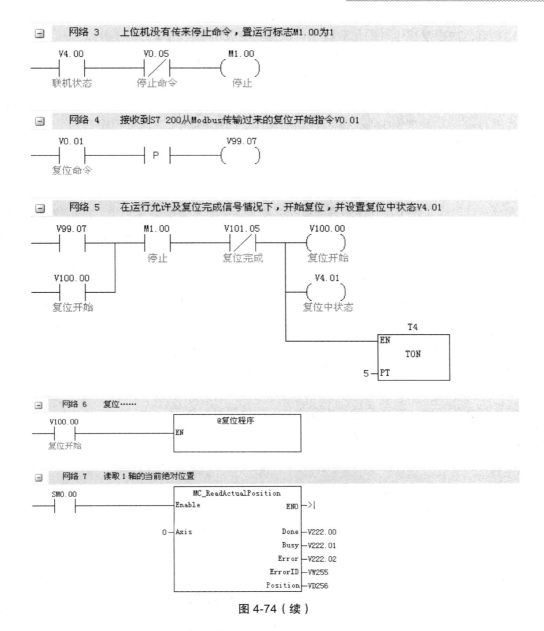

图 4-74（续）

4.6　任务 6——单轴示教控制

1. 程序实现要求

示教、再现操作（Playback Robot）是具有记忆再现功能的操作应用，这种操作在机器人系统中得到广泛的应用。操作者预先进行示教，通过示教记录来记忆有关作业程序、位置及其他信息，然后通过再现指令，将示教记录中记忆下来的每条信息逐条取出解读，在一定精度范围重复被示教的作业程序、位置及相关信息，完成工作任务。

机器人的"示教与再现编程"是指通过下述方式完成程序的编制：由人工导引机器人末端执行器（安装于机器人关节结构末端的夹持器、工具、焊枪、喷枪等），或由人工操作导引机械模拟装置，或用示教盒（与控制系统相连接的一种手持装置，用以对机器人进行编程或使之运动）来使机器人完成预期的动作。"作业程序"（任务程序）为一组运动及辅助功能指令，用以确定机器人特定的预期作业，这类程序通常由用户编制。由于此类机器人的编程通过实时在线示教程序来实现，而机器人本身凭记忆操作，故能不断重复再现。这种示教再现（teaching/playback）的运行方式（简称 T/P 方式）使机器人具有较强的通用性和灵活性。为了便于对程序的理解以及体现从简单到复杂的编程思想，将示教操作与再现操作分开编程；另外通过上面的介绍可知，示教操作是再现操作的基础，因此本任务先完成示教控制部分的编程。示教过程中需要先进行复位，在复位完成的基础上才可以准确实现对位置坐标的控制与记录。因此可以在 4.5 小节的基础上实现单轴示教的控制。

如图 4-75 所示的双轴机械手，复位点为 0 点，开机复位到 0 点后，通过手动分别移动执行终端到 A、B、C 三个位置，在每个位置通过记录来将对应的 X、Y 轴坐标存入右图所示的坐标寄存器中，每存入 1 组坐标值，记录次数寄存器自动累加 1。并且记录完成后，位置坐标寄存器的地址自动加 10 为记录保存下一组坐标做准备。这样通过次数寄存器将每组位置坐标寄存器对应起来，在再现操作过程中，只要调用对应的次数，那么对应的位置坐标就能找到，机械手就能按照所对应的位置坐标进行运动。

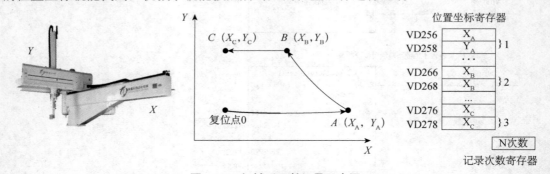

图 4-75　机械手示教记录示意图

本任务通过 1 个轴的示教操作实现对电机对指定位置的记录。操作要求如下：

① 按下复位按钮，对应的单轴开始复位，S7-200 PLC 输出端 Q0.0 亮，面板上"复位"指示灯闪烁。

② 复位完成后，S7-200 PLC 输出端 Q0.0 灭，"复位"指示灯灭，Q0.4 亮，"复位完成"指示灯常亮。

③ 单轴复位完成后，才能进行示教、再现。

④ 所操作的轴复位完成后，按住"示教"按钮约 3s，S7-200 PLC 输出端 Q0.1 亮，面板上"示教"指示灯常亮，表明该轴进入了示教模式。请注意系统一旦进入示教模式，

原来的示教数据将被清除，必须重新示教。

⑤ 通过操作 1 轴正转或 1 轴反转按钮来实现 1 轴电机的运动，并在需要记录的地方，按下"记录"按钮。每按一次"记录"按钮，记录一组数据。在记录数据时请注意，按下"记录"按钮后必须等待 S7-200 PLC 输出端 Q0.2 变亮且"记录"指示灯亮起后方可松开按钮，Q0.2 变亮表明数据记录成功，如果在 Q0.2 未变亮前松开按钮，数据可能未记录成功。

⑥ 示教动作记录完毕后，按下"示教"按钮 3s 退出示教模式，同时"示教"指示灯熄灭。

示教编程流程图见图 4-76。

图 4-76　示教编程流程图

单轴示教编程的硬件地址配置及通信配置分别见表 4-22～表 4-24。

表 4-22　S7-200 PLC 硬件地址配置表（实验）

PLC1 主站硬件地址配置表					
PLC 型号		CPU224XP CN DC/DC/DC			
PLC 厂商		西门子			
输入点	信号	说明		输入状态	
				ON	OFF
I0.0	reset	复位		有效	
I0.1	Teach	示教		有效	
I0.2	Record	记录		有效	
I0.4	stop	复位停止		有效	
输出点	信号	说明		输出状态	
				ON	OFF
Q0.0	Reset-HL	复位进行指示灯		有效	
Q0.1	Tech-HL	示教指示灯		有效	
Q0.2	Record-HL	示教记录指示灯		有效	
Q0.4	Reset-ok-HL	复位完成指示灯		有效	

表 4-23　PEC 6000 硬件地址配置表

PEC 6000 PLC1（1～4 轴）硬件地址配置表					
模块型号		PEC 6000			
输入点	信号	说明		输入状态	
				ON	OFF
I0.00	1EL+	1 轴正向限位		有效	
I0.01	1EL−	1 轴负向限位		有效	
I0.05		1 轴正转按钮		有效	
I0.09		1 轴负转按钮		有效	
输出点	信号	说明		输出状态	
				ON	OFF
HQ0	1CP	1 轴脉冲信号			
Q04	1DIR	1 轴方向信号			

表 4-24 PLC 通信配置表（实验）

PLC 主站通信地址配置表									
单元名称	S7-200PLC 主站								
PLC 型号	CPU224XP CN								
PLC 厂商	西门子								
端口 0	ModBus 通信								
端口 1	PPI 通信								
输出（S7-200 PLC 至 PEC 6000 PLC1）									
S7-200					PEC 6000 PLC1				
通道号（CH）	位	说明	状态		写入对应通道	位	说明	状态	
			1	0				1	0
VW300 对应（VB300 和 VB301）	V300.0		有效	无效	VW0	V0.08		有效	无效
	…		有效	无效		…		有效	无效
	V300.7		有效	无效		V0.15		有效	无效
	V301.0	联机请求 ok	有效	无效		V0.00	联机请求 ok	有效	无效
	V301.1	复位命令	有效	无效		V0.01	复位命令	有效	无效
	V301.2	示教命令	有效	无效		V0.02	示教命令	有效	无效
	V301.3	记录命令	有效	无效		V0.03	记录命令	有效	无效
	…		有效	无效		…		有效	无效
	V301.5	急停命令	有效	无效		V0.05	急停命令	有效	无效
	…					…			
输入（PEC 6000 PLC1 至 S7-200 PLC）									
S7-200					PEC 6000 PLC1				
读入通道号	位	说明	状态		通道号		说明	状态	
			1	0				1	0
VW600 对应（VB600 和 VB601）	V600.0		有效	无效	VW4	V4.08		有效	无效
	…		有效	无效		…		有效	无效
	V601.0		有效	无效		V4.00		有效	无效
	V601.1	复位中	有效	无效		V4.01	复位中	有效	无效
	V601.2	复位完成	有效	无效		V4.02	复位完成	有效	无效
	V601.3	进入示教模式	有效	无效		V4.03	进入示教模式	有效	无效
	V601.4	示教记录完成	有效	无效		V4.04	示教记录完成	有效	无效
	…					…			

2. 主站 S7-200 端程序

示教控制主站程序比 4.5 小节介绍的复位控制多了示教和记录两个按钮，以及对应的示教和记录两个指示灯，因此主程序在复位主程序的基础上，需要添加示教和记录的按钮响应以及对应的示教和记录指示灯的响应。增加和修改部分程序后程序，具体如下。

① 开机初始化，设置主站联机标志，程序见图 4-77。

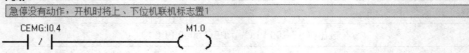

图 4-77　开机初始化

② 主站初始化，程序见图 4-78。

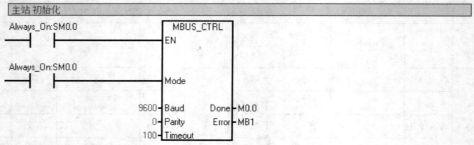

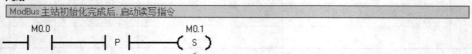

图 4-78　主站初始化

③ 置从站写使能，并开始写从站，程序见图 4-79。

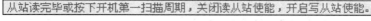

网络 6

从站读完毕或按下开机第一扫描周期，关闭读从站使能，开启写从站使能。

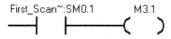

网络 7

开机第一扫描周期后，置位 M3.1

符号	地址	注释
First_Scan_On	SM0.1	仅第一个扫描周期中接通为 ON

网络 8

写从站：V区ModBus通信地址2336~2847（V0~V511）　把VB300 VB301中的信息写入1号从站VW0中

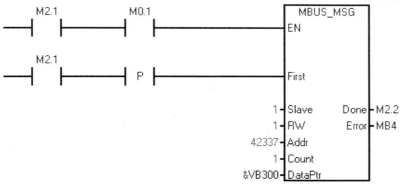

图 4-79　写从站

④ 写从站完毕，置从站读使能，并开始读从站，程序见图 4-80。

⑤ 根据 S7-200 按钮的输入设置对应的传输标识，以及根据 PEC 6000 的反馈设置对应的标识，程序见图 4-81。

⑥ 根据从站返回信号，亮对应的指示灯，程序见图 4-82。

3. 从站 PEC 6000 PLC1 端程序编程实现方法

从站 main 程序实现对主从站联机的反馈，读取轴状态和轴位置，实现对轴的手动操作，调用复位子程序实现找到零点，调用示教记录子程序记录手动操作的轴位置，以及相关标志位复位及清除的操作。具体可见程序流程图和程序。

网络 9

写从站完毕，关闭写使能，开启读使能

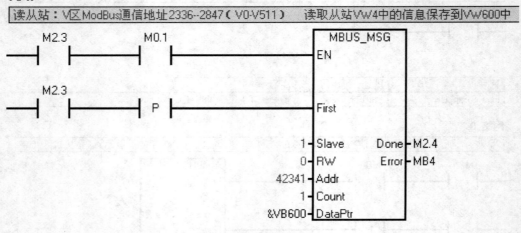

网络 10

读从站：V区 ModBus通信地址 2336--2847（ V0-V511）　　读取从站VW4中的信息保存到VW600中

图 4-80　读从站

网络 11

根据按钮设置对应的需要传输的PEC6000 PLC上的状态，以及通过ModBus总线反馈回PEC6000的状态设置对应的标志

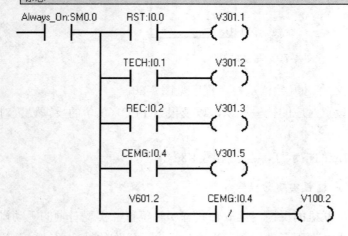

图 4-81　根据反馈置对应标志

网络 12

复位完成状态指示

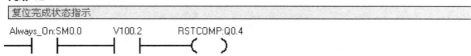

符号	地址	注释
Always_On	SM0.0	始终接通为 ON
RSTCOMP	Q0.4	

网络 13

复位中指示灯

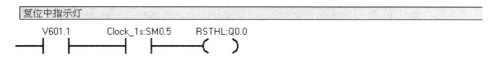

符号	地址	注释
Clock_1s	SM0.5	在 1s 钟的循环周期内，接通为 ON 0.5s，关断为 OFF 0.5s
RSTHL	Q0.0	

网络 14

示教记录完成

符号	地址	注释
RECHL	Q0.2	

网络 15

示教模式指示灯

图 4-82　亮对应的指示灯

① 复位过程及复位子程序编写如 4.5 节所述。

② 示教过程及示教记录程序编写介绍如下。

通过操作 1 轴正转或 1 轴反转按钮来实现 1 轴电机的运动，并在需要记录的地方，按下"记录"按钮。每按一次"记录"按钮，记录一组数据。在记录数据时需要注意，按下"记录"按钮后必须等待 S7-200 PLC 输出端 Q0.2 变亮且"记录"指示灯亮起后方可松开按钮，Q0.2 变亮表明数据记录成功，如果在 Q0.2 未变亮前松开按钮，数据可能未记录成功；所记录示教数据存储于 PEC 6000 PLC 的特殊寄存器 SM 区。SM 区的后 256 个寄存器的数据具有永久保存数据的能力，且这种永久保存不受时间的限制，因此，适合用来保存示教数据。但是需要注意的是，保存在永久区域中的数据具有一定的擦写次数限制，因此，不要频繁随意进入示教模式。为防止误操作进入示教模式而导致示教数据丢失，系统设置为需要按住"示教"按钮 3s 才能进入示教模式。

刚进入示教模式时，需要清空轴的坐标位置，要用到 FMOV_W 赋值指令（程序见图 4-83）。轴的位置需要放到寄存器 SMD258 中，可以通过 VD450 获得寄存器地址，其需要建立指针，需要用到 MOV_DW 指令。两个指令的使用方法如下。

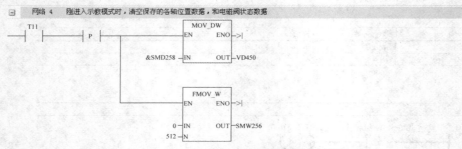

图 4-83　轴位置信息清空程序

（1）多点变量赋值指令（FMOV_W）

使用：将字赋值到多个连续的变量地址中，如图 4-84 所示。

IN：源赋值字的地址。

N：目的赋值变量地址个数，最大为 128。

OUT：目的赋值变量首地址。

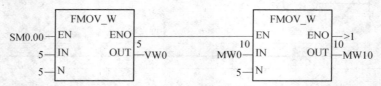

绝对地址	ModBus 寄存器地址	数据类型	当前值（10 进制）	当前值（16 进制）	新数值
VW0	0x0920(2336)	有符号双字节	5	5	
VW1	0x0921(2337)	有符号双字节	5	5	
VW2	0x0922(2338)	有符号双字节	5	5	
VW3	0x0923(2339)	有符号双字节	5	5	
VW4	0x0924(2340)	有符号双字节	5	5	
MW0	0x0B20(2848)	有符号双字节	10	A	10
MW10	0x0B2A(2858)	有符号双字节	10	A	
MW11	0x0B2B(2859)	有符号双字节	10	A	
MW12	0x0B2C(2860)	有符号双字节	10	A	
MW13	0x0B2D(2861)	有符号双字节	10	A	
MW14	0x0B2E(2862)	有符号双字节	10	A	

图 4-84　多点变量赋值指令的使用

（2）双字传送指令（MOV_DW）建立指针

通过变量地址的指针操作，可以实现变量的间接寻址。指针为双字值，存放变量的地址，为了生成指针必须使用双字传送指令（MOV_DW），将变量地址移到指针变量中，如

图 4-85 所示，将变量 MW500 的地址赋值给指针变量 MD0。使用&符号表示取某一变量的地址，而不是它的值。

图 4-85　双字传送指令建立指针

操作数前面加上*号表示该操作数为一个指针指向的数据。MD0 为指向 MW500 地址的指针，MD0 加 1 后，变为指向 MW501 地址的指针，*MD0 则代表 MD0 所指向 MW501 地址中的数据。

按示教记录按钮，需要将轴的位置信息 VD80 存入 VD450 指针变量所指的地址及 SMD258 中。存储完毕后，指针 VD450 地址加 10，即指向 SMD268，为下一次示教数据记录做准备，并且示教的总数寄存器 SMD256 加 1。将位置信息 VD80 存入 VD450 所指的寄存器中的程序见图 4-86，示教记录数据传送示意图如图 4-87 所示。

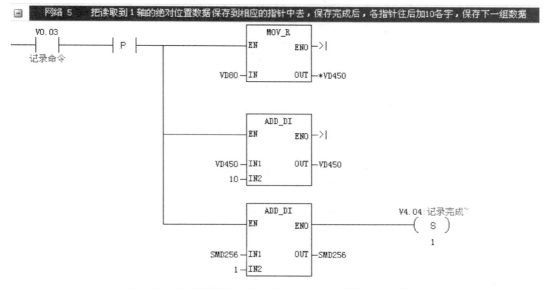

图 4-86　将位置信息 VD80 存入 VD450 所指的寄存器中

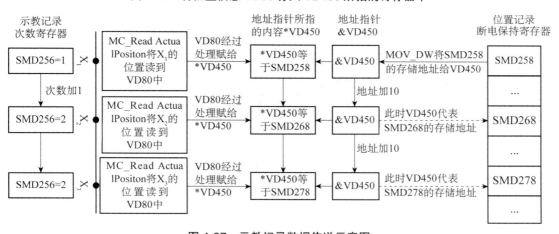

图 4-87　示教记录数据传送示意图

可以对示教记录的数据进行监视，双击状态符号表，打开如图 4-88 所示界面。通过状态符号表（见图 4-89），可以定义和编辑程序中使用的变量，使得在程序中能用符号访问变量。同时还可以在程序运行过程中对过程变量的值进行监视和修改。

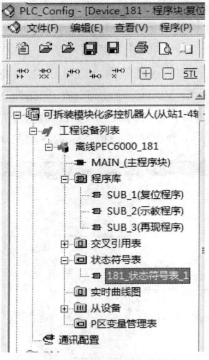

图 4-88　指令树—状态符号表

序号	选择	绝对地址	Modbus寄存器地	符号	数据类型	当前值(10进制)	当前值(16进制)	新数值	参数说明
1									
2		SMD256	1296		无符号四字节	0	0	11	
3		SMD258	1298		四字节浮点数	0.000000		187000.000000	
4		SMD260	1300		四字节浮点数	0.000000		288000.000000	
5		SMD262	1302		四字节浮点数	0.000000		600228.000000	
6		SMD264	1304		四字节浮点数	0.000000		0.000000	
7		SMD266	1306		无符号四字节	0	0	0	
8		SMD268	1308		四字节浮点数	0.000000		187000.000000	
9		SMD270	1310		四字节浮点数	0.000000		288000.000000	
10		SMD272	1312		四字节浮点数	0.000000		600228.000000	
11		SMD274	1314		四字节浮点数	0.000000		-389900.000000	
12		SMD276	1316		无符号四字节	0	0	0	
13		SMD278	1318		四字节浮点数	0.000000		187000.000000	
14		SMD280	1320		四字节浮点数	0.000000		288000.000000	
15		SMD282	1322		四字节浮点数	0.000000		600228.000000	
16		SMD284	1324		四字节浮点数	0.000000		-389900.000000	
17		SMD286	1326		无符号四字节	0	0	1	
18		SMD288	1328		四字节浮点数	0.000000		147000.000000	
19		SMD290	1330		四字节浮点数	0.000000		288000.000000	
20		SMD292	1332		四字节浮点数	0.000000		600228.000000	
21		SMD294	1334		四字节浮点数	0.000000		-389900.000000	
22		SMD296	1336		无符号四字节	0	0	1	
23		SMD298	1338		四字节浮点数	0.000000		147000.000000	
24		SMD300	1340		四字节浮点数	0.000000		288000.000000	
25		SMD302	1342		四字节浮点数	0.000000		600228.000000	
26		SMD304	1344		四字节浮点数	0.000000		0.000000	
27		SMD306	1346		无符号四字节	0	0	1	

图 4-89　状态符号表

此状态符号表已列出用于存储示教数据的 SM 区寄存器变量。单击"　60°　"进入变量监视模式，可以看到，进入示教模式后，SM 区数据当前值均已清 0。

双击指令树的"程序库"→"示教程序"菜单,单击"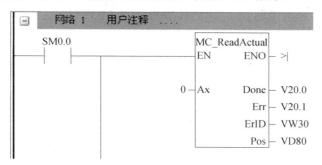"进入监视模式。网络 1 用于读取轴当前位置信息及记录电磁阀状态信息,如图 4-90 所示。

图 4-90　读取 1 轴位置信息

其中,轴 0 及 Ax0 代表第 1 轴,VD80 记录 1 轴当前位置信息。

按下 0 轴正转按钮,同时观察 VD80 数据变化,当数据接近 187000 时松开按钮;

按下"记录"按钮,S7-200 PLC 输出端 Q0.2 亮后松开按钮,切换至符号状态表,可以看到,第一组数据(见图 4-91)已经记录成功。

序号	选择	绝对地址	Modbus寄存器地	符号	数据类型	当前值(10进制)
1						
2		SMD256	1296		无符号四字节	1
3		SMD258	1298		四字节浮点数	187000.000000
4		SMD260	1300		四字节浮点数	288000.000000
5		SMD262	1302		四字节浮点数	600228.000000
6		SMD264	1304		四字节浮点数	0.000000
7		SMD266	1306		无符号四字节	0

图 4-91　第一组示教数据

其中,1 轴位置信息 VD80 通过*VD450 传递至 SMD258。SMD256 用于记录保存的数据组数。

第一组数据记录完毕,按下 1 轴反转按钮,同时观察 VD80 数据变化;按下"记录"按钮,S7-200 PLC 输出端 Q0.2 亮后松开按钮,切换至符号状态表,可以看到,第二组数据(见图 4-92)已经记录成功。

序号	选择	绝对地址	Modbus寄存器地	符号	数据类型	当前值(10进制)
1						
2		SMD256	1296		无符号四字节	2
3		SMD258	1298		四字节浮点数	187000.000000
4		SMD260	1300		四字节浮点数	288000.000000
5		SMD262	1302		四字节浮点数	600228.000000
6		SMD264	1304		四字节浮点数	0.000000
7		SMD266	1306		无符号四字节	0
8		SMD268	1308		四字节浮点数	187000.000000
9		SMD270	1310		四字节浮点数	288000.000000
10		SMD272	1312		四字节浮点数	600228.000000
11		SMD274	1314		四字节浮点数	-389900.000000
12		SMD276	1316		无符号四字节	0

图 4-92　第二组示教数据

可以看到，第二组数据由指针传送到了 SMD268。

按示教示意图完成示教过程，示教数据可自行根据电机运行位置判断，也可参考状态符号表中各寄存器对应的"新数值"，具体数值如图 4-93 所示。

序号	选择	绝对地址	Modbus寄存器地	符号	数据类型	当前值(10进制)	当前值(16进制)	新数值
1								
2		SMD256	1296		无符号四字节	0	0	11
3		SMD258	1298		四字节浮点数	0.000000		187000.000000
4		SMD260	1300		四字节浮点数	0.000000		288000.000000
5		SMD262	1302		四字节浮点数	0.000000		600228.000000
6		SMD264	1304		四字节浮点数	0.000000		0.000000

图 4-93　示教数据

示教完成后，按"示教"按钮 3s，退出示教模式，Q0.1 灭。

示教完成后，需要重新复位才能运行再现程序或再次运行示教程序。

4. 从站 PEC 6000 PLC1 端 Main 主程序

① 联机请求，读取 1 轴状态，并设置下位机运行标志，程序见图 4-94。

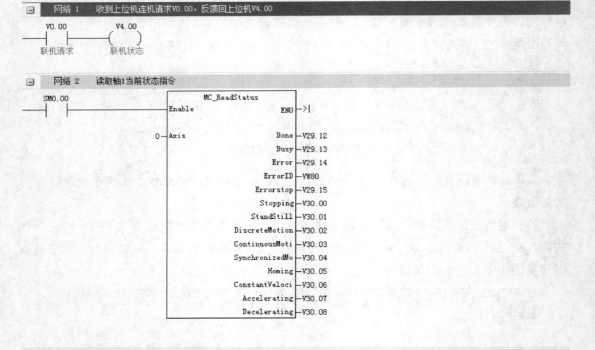

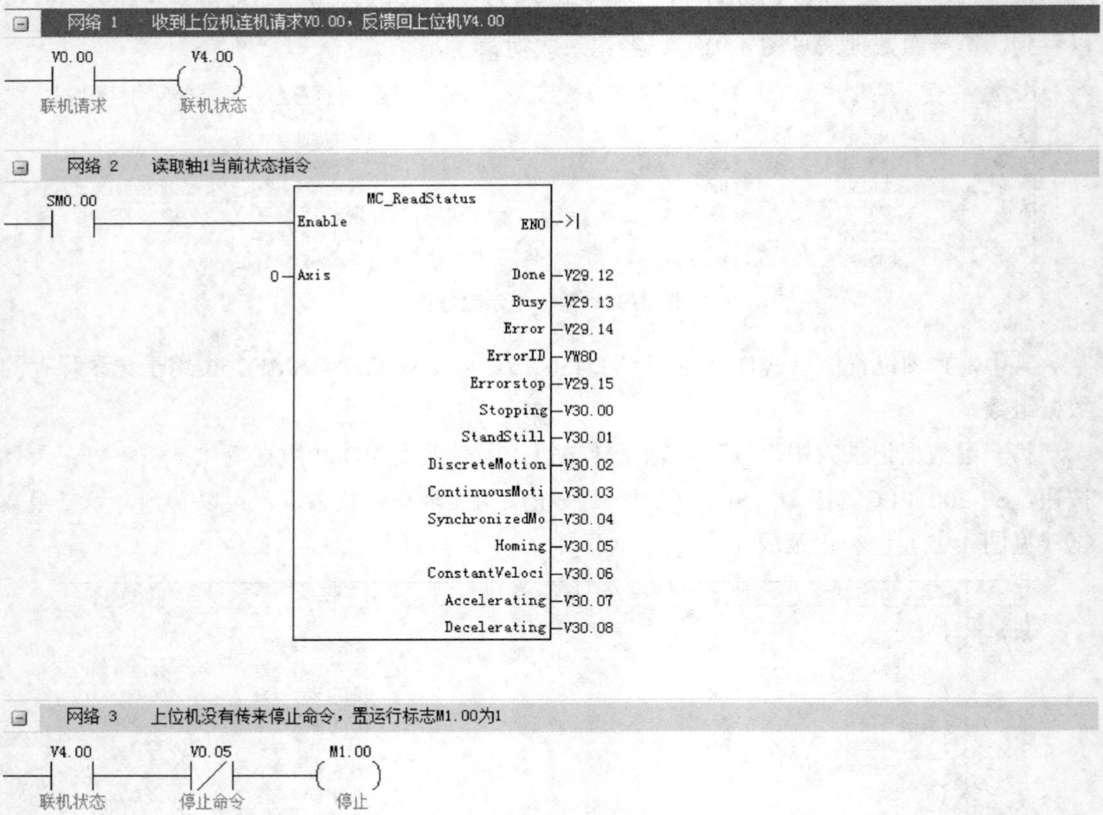

图 4-94　联机并读取 1 轴状态

② 1 轴手动正反转及运动方向设置，程序见图 4-95。

③ 接收到复位指令并调用复位子程序，程序见图 4-96。

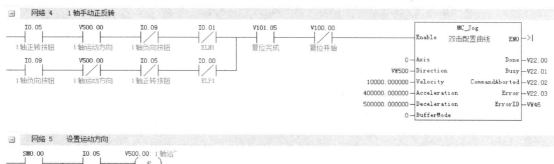

图 4-95　1 轴手动正反转

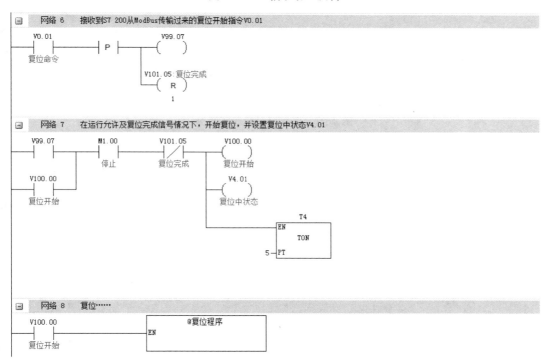

图 4-96　调用复位子程序

④ 接收到示教指令并调用示教记录子程序,程序见图 4-97。

⑤ 停止时,调用示教记录子程序和复位子程序,清除中间状态,程序见图 4-98。

⑥ 读取轴的当前位置,并放入断电保持寄存器 VD256,程序见图 4-99。

5. 从站 PEC 6000 PLC1 端示教记录子程序

① 读取轴当前的位置信息放到 VD80 中,并将 VD80 转化为有符号的浮点数,程序见图 4-100。

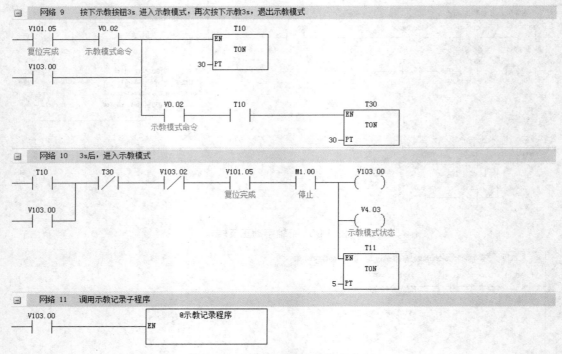

图 4-97　调用示教记录子程序

图 4-98　停止时清除字程序内部状态

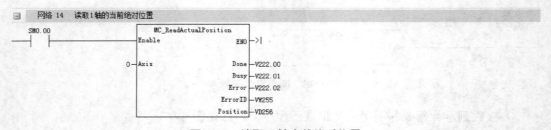

图 4-99　读取 1 轴当前绝对位置

② 将保持当前轴位置信息的断电位置保持寄存器 SMD258 的地址赋值给 VD450，并将示教记录次数寄存器的 SMD256 赋初值 0，程序见图 4-101。

③ 收到记录命令时，将所读到的位置信息 VD80 放到 VD450 地址寄存器的地址所指的寄存器 SM258 中，并将 VD450 的地址加 10，为下一次记录做准备，同时示教记录次数寄存器 SMD256 累加 1，并发送记录完成信号，程序见图 4-102。

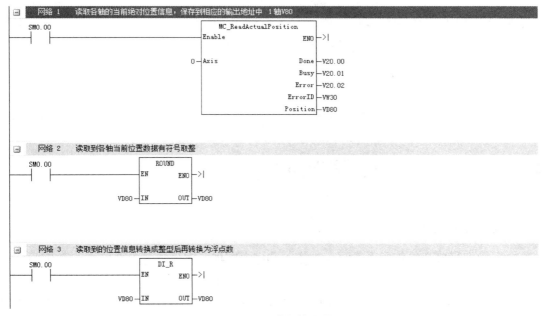

图 4-100　读取轴位置

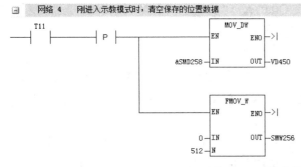

图 4-101　清空位置数据

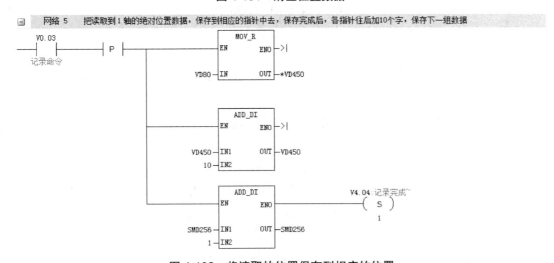

图 4-102　将读取的位置保存到相应的位置

④ 示教记录完成，反馈给主站完成信号，程序见图4-103。

网络6　　数据记录完成，反馈给主站记录完成信号

```
    V0.03              V4.04:记录完成
 ——| |——| N |——         ( R )
   记录命令                  1
```

图 4-103　示教记录完成

4.7　任务7——单轴再现控制

1. 程序实现要求

再现操作需要在复位及示教记录操作的基础上实现，本任务要求通过 1 个轴的示教及再现操作实现对电机对指定位置的重复再现。操作要求如下：

① 按下复位按钮，对应的单轴开始复位，S7-200 PLC 输出端 Q0.0 亮，面板上"复位"指示灯闪烁。

② 复位完成后，S7-200 PLC 输出端 Q0.0 灭，"复位"指示灯灭，Q0.4 亮，"复位完成"指示灯常亮。

③ 单轴复位完成后才能进行示教、再现。

④ 所操作的轴复位完成后，按住"示教"按钮约 3s，S7-200 PLC 输出端 Q0.1 亮，面板上"示教"指示灯常亮，表明该轴进入了示教模式。请注意系统一旦进入示教模式，原来的示教数据将被清除，必须重新示教。

⑤ 通过操作 1 轴正转或 1 轴反转按钮来实现 1 轴电机的运动，并在需要记录的地方，按下"记录"按钮。每按一次"记录"按钮，记录一组数据。在记录数据时请注意，按下"记录"按钮后必须等待 S7-200 PLC 输出端 Q0.2 变亮且"记录"指示灯亮起后方可松开按钮，Q0.2 变亮表明数据记录成功，如果在 Q0.2 未变亮前松开按钮，数据可能未记录成功。

⑥ 示教动作记录完毕后，按下"示教"按钮 3s 退出示教模式，同时"示教"指示灯熄灭。

⑦ 示教完成后，按下"复位"按钮，对系统进行复位，S7-200 PLC Q0.0 亮，"复位"指示灯闪烁。

⑧ 复位完成后，S7-200 PLC Q0.4 亮，"复位完成"指示灯常亮。

⑨ 为确保该信号通信成功，按下"再现"按钮时间需稍长。S7-200 PLC Q0.3 亮，"再现"指示灯闪烁，系统进入再现模式。

单轴的复位、示教记录及再现运行程序流程图如图 4-104 所示。

单轴再现控制的硬件地址配置及通信配置分别见表 4-25～表 4-27。

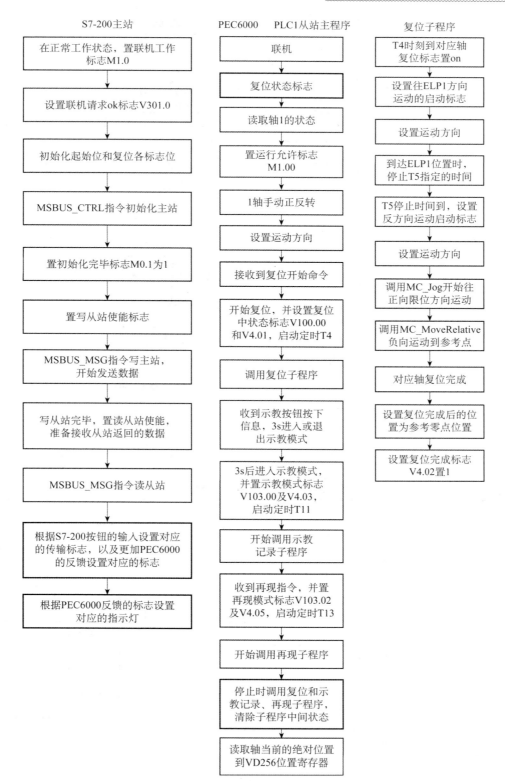

图 4-104 单轴的复位、示教记录及再现运行程序流程图

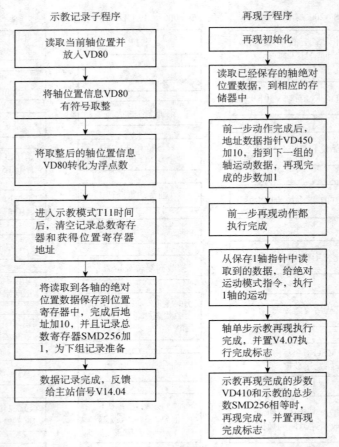

图 4-104（续）

表 4-25　S7-200 PLC 硬件地址配置表（实验）

PLC1 主站硬件地址配置表					
PLC 型号	CPU224XP CN DC/DC/DC				
PLC 厂商	西门子				
输入点	信号	说明		输入状态	
				ON	OFF
I0.0	reset	复位		有效	
I0.1	Teach	示教		有效	
I0.2	Record	记录		有效	
I0.3	Replay	再现		有效	
I0.4	stop	复位停止		有效	
I0.5	Alarm	2 轴伺服报警		有效	

（续表）

输出点	信号	说明	输出状态	
			ON	OFF
Q0.0	Reset-HL	复位进行指示灯	有效	
Q0.1	Tech-HL	示教指示灯	有效	
Q0.2	Record-HL	示教记录指示灯	有效	
Q0.3	Replay-HL	示教再现指示灯	有效	
Q0.4	Reset-ok-HL	复位完成指示灯	有效	

表 4-26　PEC 6000 硬件地址配置表

PEC 6000 PLC1（1~4 轴）硬件地址配置表				
模块型号	PEC 6000			
输入点	信号	说明	输入状态	
			ON	OFF
I0.00	1EL+	1 轴正向限位	有效	
I0.01	1EL−	1 轴负向限位	有效	
I0.05		1 轴正转按钮	有效	
I0.09		1 轴负转按钮	有效	
输出点	信号	说明	输出状态	
			ON	OFF
HQ0	1CP	1 轴脉冲信号		
Q04	1DIR	1 轴方向信号		

表 4-27　PLC 通信配置表（实验）

PLC 主站通信地址配置表	
单元名称	S7-200PLC 主站
PLC 型号	CPU224XP CN
PLC 厂商	西门子
端口 0	ModBus 通信
端口 1	PPI 通信
输出（S7-200 PLC 至 PEC 6000 PLC1）	
S7-200	PEC 6000 PLC1

通道号（CH）	位	说明	状态 1	状态 0	写入对应通道	位	说明	状态 1	状态 0
VW300 对应（VB300 和 VB301）	V300.0		有效	无效	VW0	V0.08		有效	无效
	...		有效	无效		...		有效	无效
	V301.0	联机请求 ok	有效	无效		V0.00	联机请求 ok	有效	无效
	V301.1	复位命令	有效	无效		V0.01	复位命令	有效	无效
	V301.2	示教命令	有效	无效		V0.02	示教命令	有效	无效
	V301.3	记录命令	有效	无效		V0.03	记录命令	有效	无效
	V301.4	再现命令	有效	无效		V0.04	再现命令	有效	无效
	V301.5	急停命令	有效	无效		V0.05	急停命令	有效	无效
	V301.6	报警信号	有效	无效		V0.06	报警信号	有效	无效
	V301.7	再现运动完成	有效	无效		V0.07	再现运动完成	有效	无效

输入（PEC 6000 PLC1 至 S7-200 PLC）									
S7-200					PEC 6000 PLC1				
读入通道号	位	说明	状态 1	状态 0	通道号		说明	状态 1	状态 0
VW600 对应（VB600 和 VB601）	V600.0		有效	无效	VW4	V4.08		有效	无效
	...		有效	无效		...		有效	无效
	V601.1	复位中	有效	无效		V4.01	复位中	有效	无效
	V601.2	复位完成	有效	无效		V4.02	复位完成	有效	无效
	V601.3	进入示教模式	有效	无效		V4.03	进入示教模式	有效	无效
	V601.4	示教记录完成	有效	无效		V4.04	示教记录完成	有效	无效
	V601.5	示教再现中	有效	无效		V4.05	示教再现中	有效	无效
	V601.6	示教再现完成	有效	无效		V4.06	示教再现完成	有效	无效
	V601.7	所有轴示教再现完成	有效	无效		V4.07	所有轴示教再现完成	有效	无效

2. S7-200 主站程序

从程序流程图以及工作过程分析可知，主站程序与 4.6 节介绍的任务相似，只是多了示教再现的调用以及底层反馈的响应。具体需要修改的地方在图 4-104 所示程序流程图的黑框部分作了标识，修改部分应考虑主站需将复位、示教、再现等主控的按钮按下信号赋值给 VW300 的对应位。如当按下记录按钮 I0.2 时，输出 V301.3，并且根据从站返回值 VW600，设置对应的状态，如根据返回值 V601.4（示教记录完成信号），设置 Q0.2（示教记录完成指示灯）的状态。具体修改如图 4-105 所示。

网络 11

根据按钮设置对应的需要传输的PEC6000 PLC上的状态，以及通过ModBus总线反馈回PEC6000的状态设置对应的标识

```
Always_On:SM0.0   RST:I0.0      V100.2        V301.1
   ┤├──────┬──────┤├──────────┤/├──────────( )

                  TECH:I0.1     V301.2
                  ┤├──────────┤├──────────( )

                  REC:I0.2      V301.3
                  ┤├──────────┤├──────────( )

                  REP:I0.3      V301.4
                  ┤├──────────┤├──────────( )

                  CEMG:I0.4     V301.5
                  ┤├──────────┤├──────────( )

                  V601.0        Q1.0
                  ┤├──────────┤├──────────( )

                  V601.1        V100.2     CEMG:I0.4     V100.0
                  ┤├──────┬───┤/├────────┤/├──────────( )
                          │
                  V100.0  │
                  ┤├──────┘

                  V601.2        CEMG:I0.4     V100.2
                  ┤├──────────┤/├──────────( )

                  V601.3        TECHHL:Q0.1
                  ┤├──────────( )

                  V601.5        V601.6     CEMG:I0.4     V100.1
                  ┤├──────┬───┤/├────────┤/├──────────( )
                          │
                  V100.1  │
                  ┤├──────┘

                  V601.4        RECHL:Q0.2
                  ┤├──────────( )
```

网络 12

复位、示教记录、示教完成状态指示

```
Always_On:SM0.0   V100.0        Clock_1s:SM0.5   RSTHL:Q0.0
   ┤├──────┬──────┤├──────────┤├──────────────( )

                  V100.1        Clock_1s:SM0.5   REPHL:Q0.3
                  ┤├──────────┤├──────────────( )

                  V100.2        RSTCOMP:Q0.4
                  ┤├──────────( )
```

图 4-105　复位、示教记录、示教完成按钮输入及反馈对应的指示灯输出

符号	地址	注释
Always_On	SM0.0	始终接通为 ON
Clock_1s	SM0.5	在 1s 的循环周期内，接通为 ON 0.5s，关断为 OFF 0.5s
REPHL	Q0.3	
RSTCOMP	Q0.4	
RSTHL	Q0.0	

网络 13

示教再现一步完成

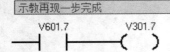

V601.7   V301.7

图 4-105（续）

3. 从站 PEC 6000 PLC1 端程序编程实现方法

从站 main 程序实现对主从站联机的反馈，读取轴状态和轴位置，实现对轴的手动操作，调用复位子程序实现找到零点，调用示教记录子程序记录手动操作的轴位置，调用再现子程序实现对示教记录点的重新再现运行，以及相关标志位复位及清除的操作。具体可参见程序流程图和程序。

① 复位过程及复位子程序编写同 4.5 节所述。

② 示教过程及示教记录程序编写同 4.6 节所述。

③ 再现过程。

再现过程是示教过程的逆过程。通过 *VD450，将指针所指地址的 SMD258 中的数据传递至 VD180 中执行。并且将当前再现所走的步骤放入 VD410，并在初始化时赋 0，每执行 1 步，VD410 加 1，VD450 中的地址加 10，指向下一个记录的地址值，当 VD410 值等于示教记录时记录的总数 SMD256 时，再现过程结束。

读取示教记录保存的相关数据梯形图如图 4-106 所示，执行单轴再现运行的梯形图如图 4-107 所示。

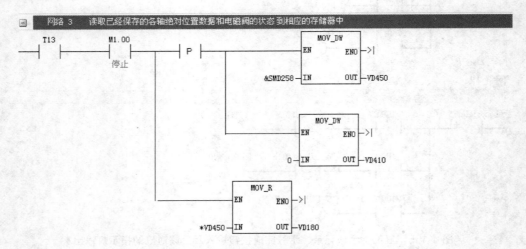

图 4-106 读取示教记录保存的相关数据

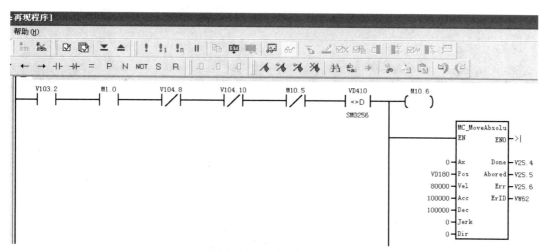

图 4-107　1 轴再现运行

4. PEC 6000 从机端 Main 主程序

单轴的复位、示教记录及再现运行 PEC 6000 从机端主程序见图 4-108。

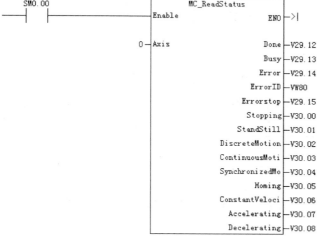

图 4-108　单轴的复位、示教记录及再现运行 PEC 6000 从机端主程序

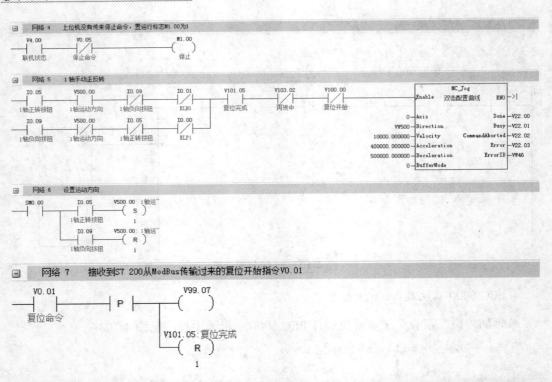

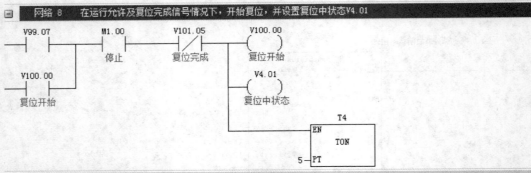

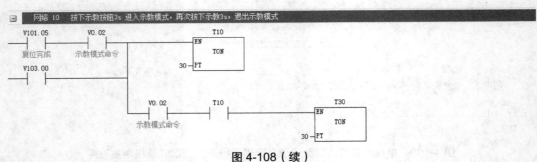

图 4-108（续）

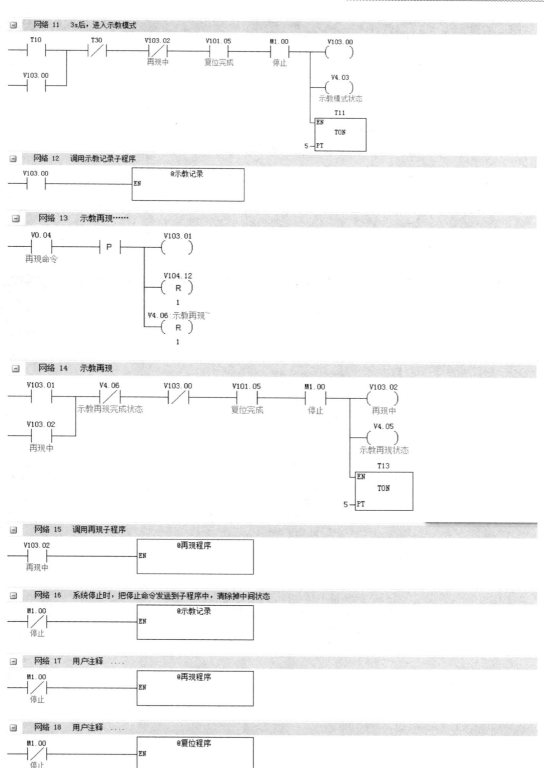

图 4-108（续）

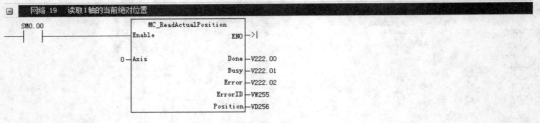

图 4-108（续）

5. 从机端示教再现子程序

单轴的复位、示教记录及再现运行 PEC 6000 从机端示教再现程序见图 4-109。

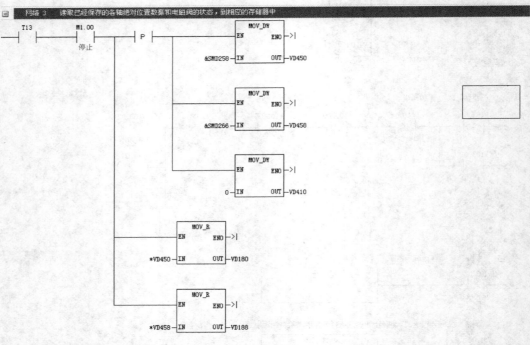

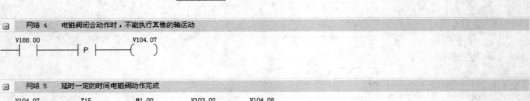

图 4-109　单轴的复位、示教记录及再现运行 PEC 6000 从机端示教再现程序

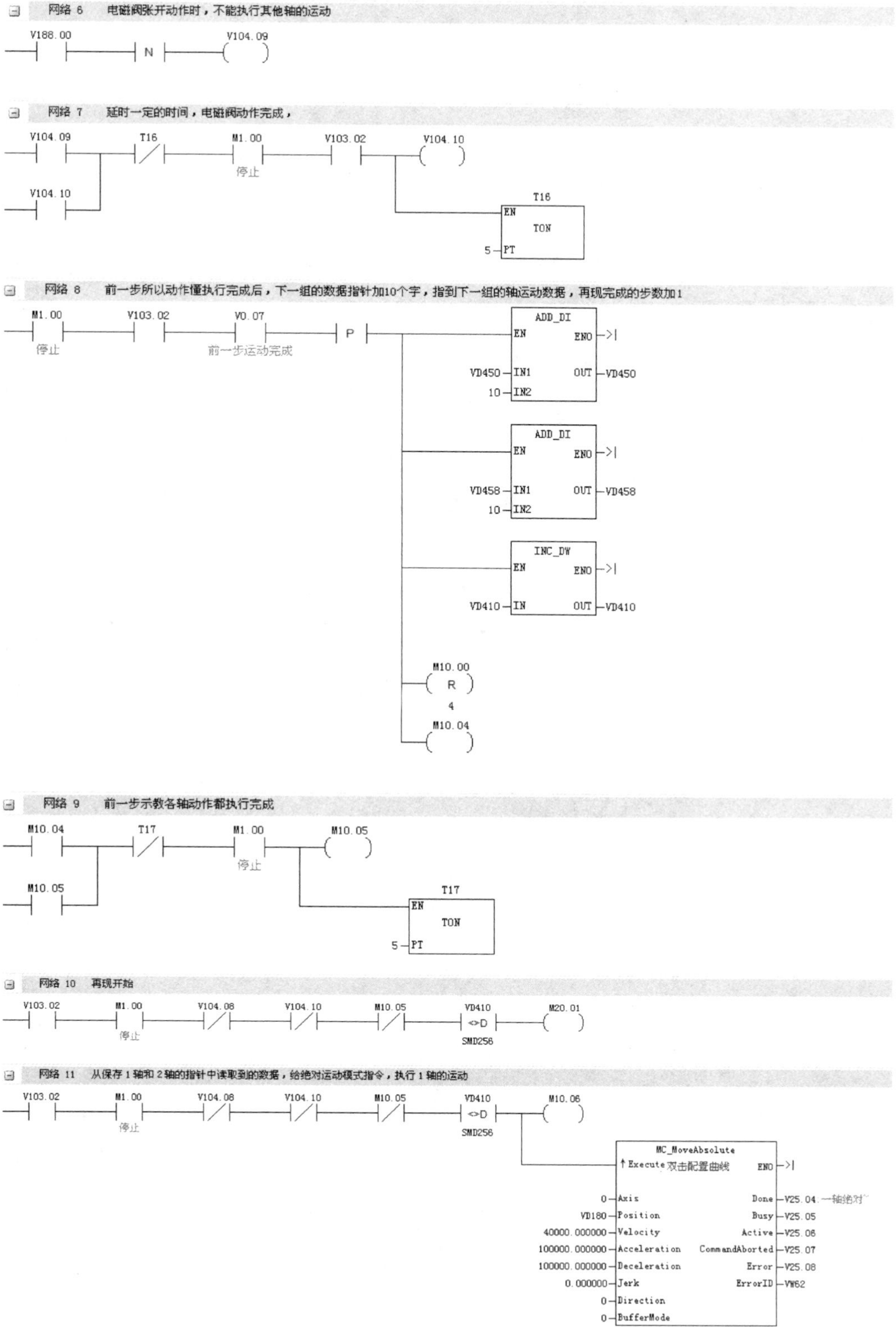

网络 6　电磁阀张开动作时，不能执行其他轴的运动

```
V188.00        N        V104.09
--| |----------| |--------( )--
```

网络 7　延时一定的时间，电磁阀动作完成，

```
V104.09    T16    M1.00    V103.02    V104.10
--| |------|/|-----|/|------| |--------( )--
           停止

V104.10                              T16
--| |------                         EN
                                       TON
                                  5--PT
```

网络 8　前一步所以动作懂执行完成后，下一组的数据指针加10个字，指到下一组的轴运动数据，再现完成的步数加1

```
M1.00    V103.02    V0.07           P
--| |-----| |--------| |-----------| |----
 停止              前一步运动完成

                              ADD_DI
                             EN    ENO--->|

                       VD450--IN1   OUT--VD450
                          10--IN2

                              ADD_DI
                             EN    ENO--->|

                       VD458--IN1   OUT--VD458
                          10--IN2

                              INC_DW
                             EN    ENO--->|

                       VD410--IN    OUT--VD410

                         M10.00
                          ( R )
                           4
                         M10.04
                          ( )
```

网络 9　前一步示教各轴动作都执行完成

```
M10.04    T17    M1.00    M10.05
--| |-----|/|-----|/|------( )--
                  停止

M10.05                    T17
--| |------              EN
                           TON
                      5--PT
```

网络 10　再现开始

```
V103.02   M1.00   V104.08  V104.10  M10.05   VD410    M20.01
--| |------|/|------|/|------|/|------| |------<>D------( )--
           停止                              SMD256
```

网络 11　从保存1轴和2轴的指针中读取到的数据，给绝对运动模式指令，执行1轴的运动

```
V103.02   M1.00   V104.08  V104.10  M10.05   VD410    M10.06
--| |------|/|------|/|------|/|------| |------<>D------( )--
           停止                              SMD256

                                    MC_MoveAbsolute
                            ↑Execute双击配置曲线      ENO--->|

                       0--Axis               Done--V25.04 一轴绝对
                   VD180--Position            Busy--V25.05
            40000.000000--Velocity          Active--V25.06
           100000.000000--Acceleration  CommandAborted--V25.07
           100000.000000--Deceleration       Error--V25.08
               0.000000--Jerk              ErrorID--VW62
                       0--Direction
                       0--BufferMode
```

图 4-109（续）

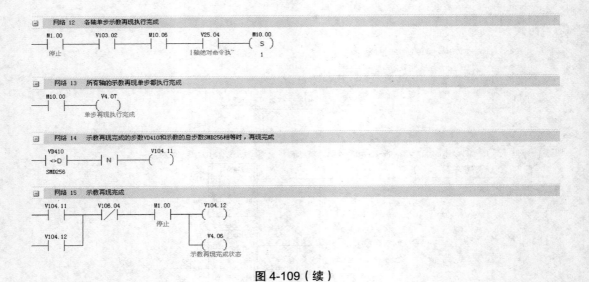

图 4-109（续）

模块 5 模块化机器人的编程实现

5.1 任务 1——PEC 6000 PLC2 2 轴的复位、示教及再现编程

相对于模块 4 的 1 轴的复位、示教及再现编程的控制，二轴的复位、示教及再现编程需要将 1 轴拓展到 2 轴的编程及实现。其操作要求如下，与 1 轴的复位、示教及再现编程控制类似。

① 按下复位按钮，对应的单轴开始复位，S7-200 PLC 输出端 Q0.0 亮，面板上"复位"指示灯闪烁。

② 复位完成后，S7-200 PLC 输出端 Q0.0 灭，"复位"指示灯灭，Q0.4 亮，"复位完成"指示灯常亮。

③ 双轴复位完成后才能进行示教、再现。

④ 所操作的轴复位完成后，按住"示教"按钮约 3s，S7-200 PLC 输出端 Q0.1 亮，面板上"示教"指示灯常亮，表明该轴进入了示教模式。请注意系统一旦进入示教模式，原来的示教数据将被清除，必须重新示教。

⑤ 通过操作 5、6 轴正转或 5、6 轴反转按钮来实现 5、6 轴电机的运动，并在需要记录的地方按下记录按钮。每按一次"记录"按钮，记录一组数据。在记录数据时请注意，按下"记录"按钮后必须等待 S7-200 PLC 输出端 Q0.2 变亮且"记录"指示灯亮起后方可松开按钮，Q0.2 变亮表明数据记录成功，如果在 Q0.2 未变亮前松开按钮，数据可能未记录成功。

⑥ 示教动作记录完毕后，按下"示教"按钮 3s 退出示教模式，同时"示教"指示灯熄灭。

⑦ 示教完成后，按下"复位"按钮，对系统进行复位，S7-200 PLC Q0.0 亮，"复位"指示灯闪烁。

⑧ 复位完成后，S7-200 PLC Q0.4 亮，"复位完成"指示灯常亮。

⑨ 按下再现按钮，为确保该信号通信成功，按下"再现"按钮时间需稍长。S7-200 PLC Q0.3 亮，"再现"指示灯闪烁，系统进入再现模式。

下面就具体实现的编程思路进行说明。

1. S7-200 主站程序

主站由 S7-200 PLC 实现，从站采用 PEC 6000 PLC2。在系统初始化完成后，在急停开关没有被按下的前提下，主站一直往从站发送联机指令，并复位各标志位和起始位，如图 5-1 所示。

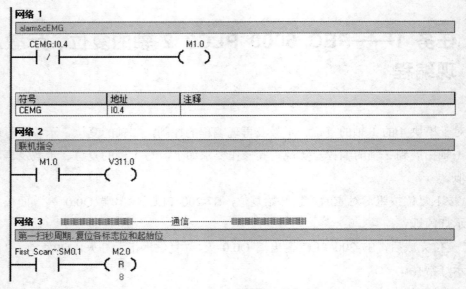

图 5-1 联机指令

在开机第一个扫描周期或者读从站完毕时，关闭读从站使能，开启写从站使能。主站 S7-200 采用 VW310 来传递主站的状态信息，VW310 即 VB310（V310.0～V310.7）和 VB311（V311.0～V311.7）的值通过写入从站的方式以小端模式传送至 PEC6000 PLC2 的 VW10（V10.0～V10.15）中。对应的 V311.0 被传送到 V10.0，如图 5-2 所示。

主站通过 ModBus 协议读取从站的联机信息，通过主站不停地读取从站 PEC 6000 PLC2 的状态信息 VW14（V14.0～V15.07），并将其对应的信息保存到 VW611 中，如图 5-3 所示。具体的从站 VW14 和主站的 VW611 各个位的映射关系亦可以参见通信配置表。

通信建立后，主站将复位、示教、再现等主控的按钮按下信号赋值给 VW310 的对应位，并且通过 ModBus 总线传输到 PEC 6000 PLC2 上，并根据 ModBus 总线的返回值 VW610 状态设置对应的输出，如图 5-4 所示。

网络 6

从站读完毕或按下开机第一扫描周期，关闭读从站使能，开启写从站使能

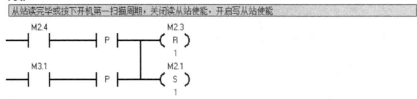

网络 7

开机第一扫描周期后，置位M3.1

符号	地址	注释
First_Scan_On	SM0.1	仅第一个扫描周期中接通为 ON

网络 8

写从站：V区modbus通信地址2336~2847（V0~V511）　把VB310 VB311中的信息写入2号从站VW10中

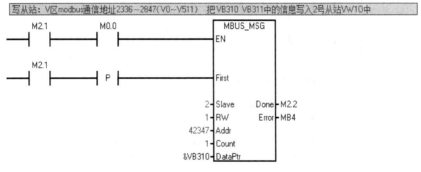

图 5-2　写 2 号从站（联机命令）

网络 9

写从站完毕，关闭写使能，开启读使能

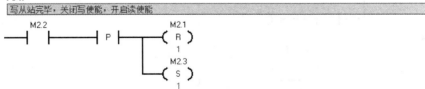

网络 10

读从站：V区modbus通信地址2336~2847（V0~V511）　读取从站2 VW14中的信息保存到VW610中

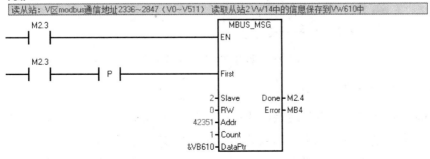

图 5-3　读 2 号从站（状态信息）

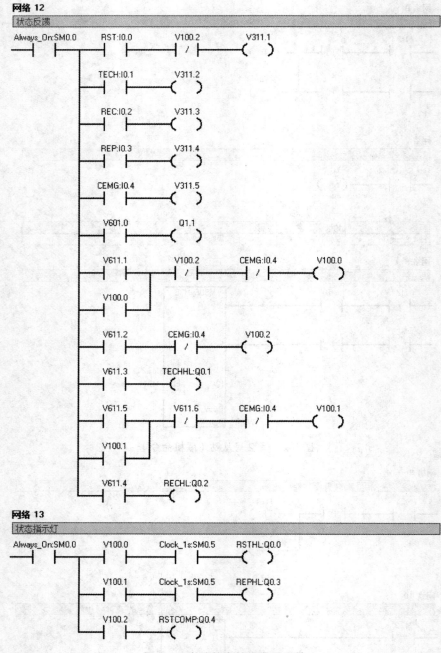

图 5-4　主站状态的设置及反馈

2. PEC 6000 PLC2 从站 main 程序

从站 main 程序实现对主从站联机的反馈，读取 5、6 轴状态和 5、6 轴位置，实现对 5、6 轴的手动操作、调用复位、示教记录、示教再现子程序，以及相关标志位复位及清除的操作。与 4.7 节的任务 7 的从站 main 程序类似，不过需要将 1 轴的操作变成 5、6 两轴的操作，其中联机实现如图 5-5 所示。通过从站程序可知，当 2 号从站接收到联机指令 V10.0（对应主站的 V311.0）后，导通 V14.0，V14.0 作为联机指令的反馈信息反馈回主站的 V611.0；而手动的操作部分程序如图 5-6 所示，其他具体的编程思路可见程序流程图。

图 5-5 2 号从站联机反馈

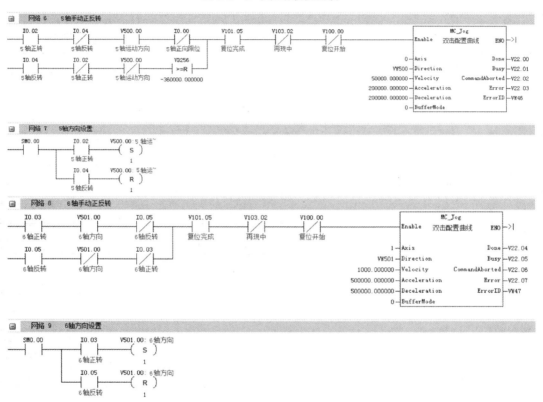

图 5-6 5、6 轴手动正反转

3. 复位过程及程序编写

1 轴的复位、示教及再现编程控制采用 PEC 6000 PLC1 作为从控制器。而在模块化机器人控制系统中，第 5、6 轴采用 PEC 6000 PLC2 进行控制，其中第 5 轴对应 PEC 6000 PLC2 第 0 驱动单元，第 6 轴对应 PEC 6000 PLC2 第 1 驱动单元，主站仍采用 S7-200。第 5、6 轴的硬件地址配置表分别见表 5-1 和表 5-2，由于采用的 PEC 6000 PLC2，为了防止和 PEC 6000 PLC1 的通信地址冲突，其通信配置见表 5-3 所述。复位操作，需要 5、6 轴分别通过 MC_JOG 指令找到对应的限位位置，并通过 MC_MoveRelative 返回各轴对应的距离，并在 5、6 轴复位都完成后或者急停和示教结束后，需要清除复位完成信号。

表 5-1 S7-200 PLC 硬件地址配置表（实验）

PLC1 主站硬件地址配置表					
PLC 型号		CPU224XP CN DC/DC/DC			
PLC 厂商		西门子			
输入点	信号	说明		输入状态	
				ON	OFF
I0.0	reset	复位		有效	
I0.1	Teach	示教		有效	
I0.2	Record	记录		有效	
I0.3	Replay	再现		有效	
I0.4	stop	复位停止		有效	
输出点	信号	说明		输出状态	
				ON	OFF
Q0.0	Reset-HL	复位进行指示灯		有效	
Q0.1	Tech-HL	示教指示灯		有效	
Q0.2	Record-HL	示教记录指示灯		有效	
Q0.3	Replay-HL	示教再现指示灯		有效	
Q0.4	Reset-ok-HL	复位完成指示灯		有效	

表 5-2 PEC 6000 硬件地址配置表

PEC 6000 PLC2（5~6 轴）硬件地址配置表					
模块型号		PEC 6000			
输入点	信号	说明		输入状态	
				ON	OFF
I00	5EL+	5 轴负限位		有效	I00
I01	6ORG	6 轴原点信号		有效	I01
I02	5REV	5 轴反转		有效	I02
I03	6REV	6 轴反转		有效	I03
I04	5FWD	5 轴正转		有效	I04
I05	6FWD	6 轴正转		有效	I05
输出点	信号	说明		输出状态	
				ON	OFF
HQ0	5CP	5 轴脉冲信号			
HQ1	6CP	6 轴脉冲信号			
Q04	5DIR	5 轴方向信号			
Q05	6DIR	6 轴方向信号			

表 5-3　S7-200 PLC 通信配置表（实验）

PLC 主站通信地址配置表										
单元名称		S7-200PLC 主站								
PLC 型号		CPU224XP CN								
PLC 厂商		西门子								
端口 0		ModBus 通信								
端口 1		PPI 通信								

输出（S7-200 PLC 至 PEC 6000 PLC2）

S7-200					PEC 6000 PLC2					
通道号（CH）	位	说明	状态		写入对应通道	位	说明	状态	
			1	0				1	0
VW311 对应（VB310 和 VB311）	V310.0		有效	无效	VW10	V10.08		有效	无效
	...		有效	无效		...		有效	无效
	V310.7		有效	无效		V10.15		有效	无效
	V311.0	联机请求 ok	有效	无效		V10.00	联机请求 ok	有效	无效
	V311.1	复位命令	有效	无效		V10.01	复位命令	有效	无效
	V311.2	示教命令	有效	无效		V10.02	示教命令	有效	无效
	V311.3	记录命令	有效	无效		V10.03	记录命令	有效	无效
	V311.4	再现命令	有效	无效		V10.04	再现命令	有效	无效
	V311.5	急停命令	有效	无效		V10.05	急停命令	有效	无效
	V311.6	报警信号	有效	无效		V10.06	报警信号	有效	无效
	V311.7	再现运动完成	有效	无效		V10.07	再现运动完成	有效	无效

输入（PEC 6000 PLC2 至 S7-200 PLC）

S7-200					PEC 6000 PLC2				
读入通道号	位	说明	状态		通道号		说明	状态	
			1	0				1	0
VW611 对应（VB610 和 VB611）	V610.0		有效	无效	VW14	V14.08		有效	无效
	...		有效	无效		...		有效	无效
	V611.0	站点通信联机	有效	无效		V14.00	站点通信联机	有效	无效
	V611.1	复位中	有效	无效		V14.01	复位中	有效	无效
	V611.2	复位完成	有效	无效		V14.02	复位完成	有效	无效
	V611.3	进入示教模式	有效	无效		V14.03	进入示教模式	有效	无效
	V611.4	示教记录完成	有效	无效		V14.04	示教记录完成	有效	无效
	V611.5	示教再现中	有效	无效		V14.05	示教再现中	有效	无效
	V611.6	示教再现完成	有效	无效		V14.06	示教再现完成	有效	无效
	V611.7	所有轴示教再现完成	有效	无效		V14.07	所有轴示教再现完成	有效	无效

4. 示教过程及程序编写

所记录示教数据存储于 PLC 的特殊寄存器 SM 区。其中，5 轴位置信息 VD80 通过

*VD450 传递至 SMD258，6 轴位置信息 VD82 通过*VD452 传递至 SMD260，SMD256 用于记录保存的数据组数。存储完毕后，指针 VD450 地址加 10，即指向 SMD268，为下一次示教数据记录做准备，并且示教的总数寄存器 SMD256 加 1。由于示教操作需要分别读取 5、6 两轴的位置信息，并进行对应的处理。通过 MC_ReadActualPosition 读取 5 轴、6 轴的当前位置，并将位置分别放入 VD80 和 VD82 中。5 轴位置信息 VD80 通过指针*VD450 传递至 SMD258 寄存器，6 轴位置信息 VD82 通过指针*VD452 传递至 SMD260 寄存器。

5. 再现过程

再现操作，需要将存在 SMD258 和 SMD260 寄存器中的第 5、6 轴的运动坐标数据通过指针*VD450 和*VD452 分别读取到 VD180 和 VD182 中，并通过 MC_MoveAbsolute 运行对应的数据。运行完毕后地址指针自动加 10，获取再现的下一个运动位置。执行两轴再现运行的梯形图如图 5-7 所示。

5、6 轴复位、再现记录及再现运行程序流程图如图 5-8 所示。

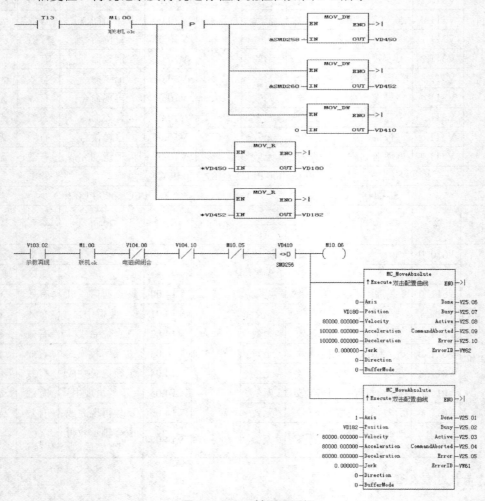

图 5-7　5、6 轴再现运行

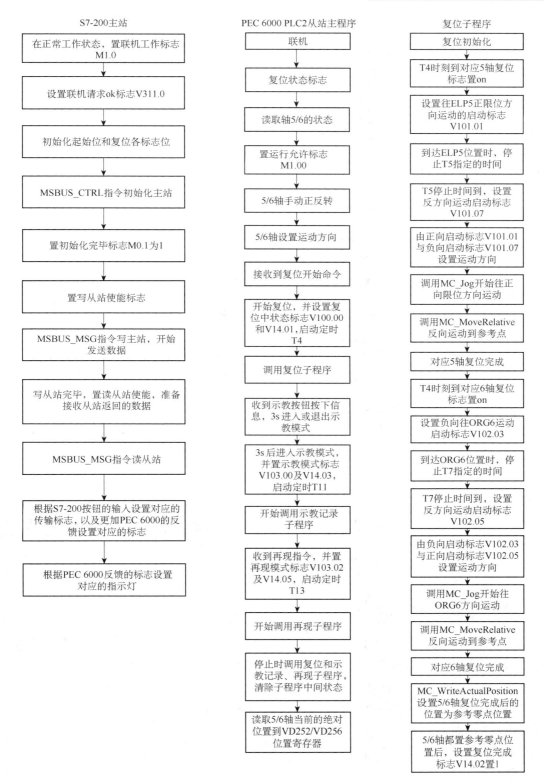

图 5-8　5、6 轴复位、再现记录及再现运行程序流程图

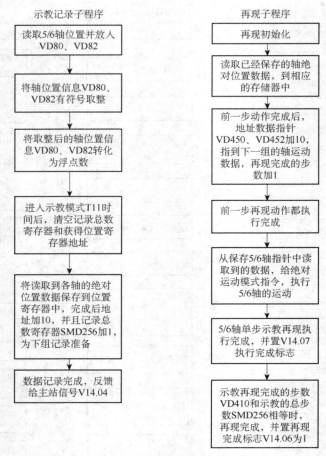

图 5-8（续）

5.2 任务 2——PEC6000 PLC1 4 轴的复位、示教及再现编程

相对于模块 4 的 1 轴的复位、示教及再现编程的控制，四轴的复位、示教及再现编程需要将 1 轴拓展到 4 轴的编程及实现，并且可以参考二轴的复位、示教及再现编程进行修改。需要注意的是，在四轴复位时，添加了对终端手爪或电磁阀的操作，而在示教再现时由于终端手爪或电磁阀要完成工件的拾放需要有一定时间，在这段时间内各轴需要暂停后续的再现动作，因此，在手爪或电磁阀动作时，不能进行再现操作。因此，在手爪或电磁阀动作时，不能进行再现操作。其他操作要求如下：

① 按下复位按钮，对应的单轴开始复位，S7-200 PLC 输出端 Q0.0 亮，面板上"复位"指示灯闪烁。

② 复位完成后，S7-200 PLC 输出端 Q0.0 灭，"复位"指示灯灭，Q0.4 亮，"复位完

成"指示灯常亮。

③ 四轴复位完成后才能进行示教、再现。

④ 所操作的轴复位完成后，按住"示教"按钮约 3s，S7-200 PLC 输出端 Q0.1 亮，面板上"示教"指示灯常亮，表明该轴进入了示教模式。请注意系统一旦进入示教模式，原来的示教数据将被清除，必须重新示教。

⑤ 通过操作 1～4 轴正转或 1～4 轴反转按钮来实现 1～4 轴电机的运动，并在需要记录的地方，按下记录按钮。并在需要电磁阀或手爪执行动作的位置，按下手爪或电磁阀的动作按钮，并按下记录按钮，每按一次"记录"按钮，记录一组数据。在记录数据时请注意，按下"记录"按钮后必须等待 S7-200 PLC 输出端 Q0.2 变亮且"记录"指示灯亮起后方可松开按钮，Q0.2 变亮表明数据记录成功，如果在 Q0.2 未变亮前松开按钮，数据可能未记录成功。

⑥ 示教动作记录完毕后，按下"示教"按钮 3s 退出示教模式，同时"示教"指示灯熄灭。

⑦ 示教完成后，按下"复位"按钮，对系统进行复位，S7-200 PLC Q0.0 亮，"复位"指示灯闪烁。

⑧ 复位完成后，S7-200 PLC Q0.4 亮，"复位完成"指示灯常亮。

⑨ 按下再现按钮，为确保该信号通信成功，按下"再现"按钮时间需稍长。S7-200 PLC Q0.3 亮，"再现"指示灯闪烁，系统进入再现模式。

下面就具体实现的编程思路进行说明。

1. S7-200 主站程序

主站由 S7-200 PLC 实现，从站采用 PEC6000 PLC1。在系统初始化完成后，在没有报警信号且急停开关没有被按下的前提下，主站一直往从站发送联机指令，报警信号是由第二轴伺服驱动器上的报警信号接到 S7-200 的 I0.5 输入上，如图 5-9 所示。

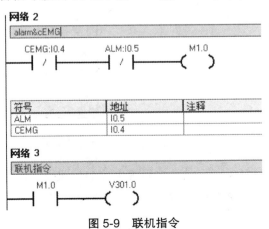

图 5-9　联机指令

主站 S7-200 采用 VW301 来传递主站的状态信息，即 VB300（V300.0～V300.7）、VB301（V301.0～V301.7）的值通过 ModBus 协议写入以小端模式传送至从站 PEC6000 PLC1 的 VW0（V0.0～V0.15），如图 5-10 所示，对应的联机指令 V301.0 被传送到 V0.0。具体的主站 VW301 的各个位和从站 VW0 各个位的映射关系可以参见 S7-200PLC 通信配置表（见表 5-6）。

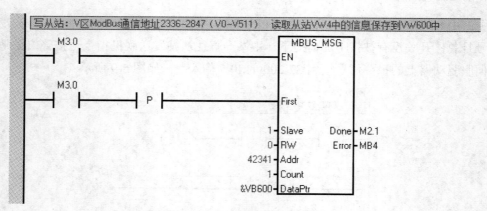

图 5-10　写 1 号从站（联机命令）

主站通过 ModBus 协议读取从站的联机信息，通过主站不停地读取从站 PEC6000 PLC1 的状态信息 VW4（V4.0～V4.15），并将其对应的信息的保存到 VW601 中，如图 5-11 所示。具体的从站 VW4 和主站的 VW601 各个位的映射关系亦可以见通信配置表。

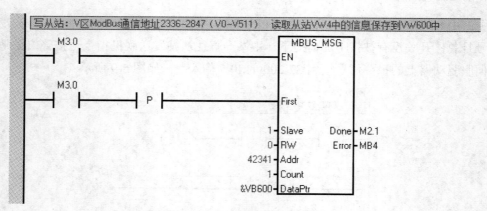

图 5-11　读 1 号从站（状态信息）

通信建立后，主站将复位、示教、再现等主控的按钮按下信号赋值给 VW300 的对应位，并且根据从站返回值 VW600 设置对应的输出状态。对应的程序可以参考 5.1 节的主程序部分。

2. PEC 6000 PLC1 从站 main 程序

从站的 main 程序与 5.1 节任务 1 类似，从站 main 程序实现对主从站联机的反馈，读取 1～4 轴状态和 1～4 轴位置，实现对 1～4 轴的手动操作、调用复位、示教记录、示教再现子程序，以及相关标志位复位及清除的操作。与 4.7 节的任务 7 的从站 main 程序类似，不过需要将 2 轴的操作变成 4 轴的操作。对于其中的联机实现，当 2 号从站接收到联机指令 V0.0（对应主站的 V301.0）后，导通 V4.0，V4.0 作为联机指令的反馈信息反馈回主站的 V601.0；由于手爪电磁阀接在 PEC 6000 PLC1 上，因此需要在主程序中，对电磁阀的动作进行控制。通过电磁阀按钮 I0.13 进行控制，按一次得电，再按一次失电，程序如图 5-12 所示。其他具体的编程思路可见程序流程图。

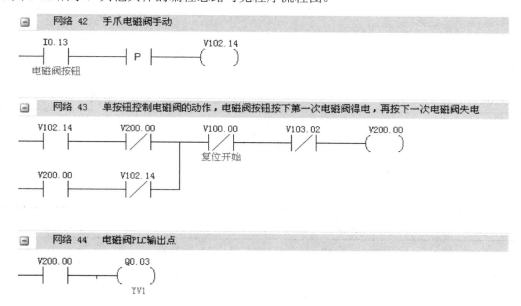

图 5-12　手爪电磁阀控制程序图

3. 复位编程及实现

四轴的复位、示教及再现编程控制采用 PEC 6000 PLC1 作为从控制器。其中，第 1 轴对应 PEC 6000 PLC1 第 0 驱动单元，第 2 轴对应 PEC 6000 PLC2 第 1 驱动单元，第 3 轴对应 PEC 6000 PLC1 第 2 驱动单元，第 4 轴对应 PEC 6000 PLC1 第 3 驱动单元，主站仍采用 S7-200。第 1～4 轴的硬件地址配置表分别见表 5-4 和表 5-5，其通信配置见表 5-6。

表 5-4　S7-200 PLC 硬件地址配置表（实验）

PLC1 主站硬件地址配置表	
PLC 型号	CPU224XP CN DC/DC/DC
PLC 厂商	西门子

输入点	信号	说明	输入状态	
			ON	OFF
I0.0	reset	复位	有效	
I0.1	Teach	示教	有效	
I0.2	Record	记录	有效	
I0.3	Replay	再现	有效	
I0.4	stop	停止	有效	
I0.5	2ALM	2轴伺服报警	有效	

输出点	信号	说明	输出状态	
			ON	OFF
Q0.0	Reset-HL	复位进行指示灯	有效	
Q0.1	Tech-HL	示教指示灯	有效	
Q0.2	Record-HL	示教记录指示灯	有效	
Q0.3	Replay-HL	示教再现指示灯	有效	
Q0.4	Reset-ok-HL	复位完成指示灯	有效	

表 5-5 PEC 6000 硬件地址配置表

PEC6000 PLC1（1～4轴）硬件地址配置表				
模块型号	PEC6000			
输入点	信号	说明	输入状态	
			ON	OFF
I00	1EL+	1轴正向限位	有效	
I01	1EL-	1轴负向限位	有效	
I02	2EL-	2轴负限位	有效	
I03	3EL-	3轴负限位	有效	
I04	4EL-	4轴负限位	有效	
I05	1REV	1轴反转	有效	
I06	2REV	2轴反转	有效	
I07	3REV	3轴反转	有效	
I08	4REV	4轴反转	有效	
I09	1FWD	1轴正转	有效	
I10	2FWD	2轴正转	有效	

输入点	信号	说明	输入状态	
			ON	OFF
I11	3FWD	3 轴正转	有效	
I12	4 FWD	4 轴正转	有效	
I13	YV1_M	机器人手爪电磁阀	有效	
输出点	信号	说明	输出状态	
			ON	OFF
HQ0	1CP	1 轴脉冲信号		
HQ1	2CP	2 轴脉冲信号		
HQ2	3CP	3 轴脉冲信号		
HQ3	4CP	4 轴脉冲信号		
Q04	1DIR	1 轴方向信号		
Q05	2DIR	2 轴方向信号		
Q06	3DIR	3 轴方向信号		
Q07	4DIR	4 轴方向信号		

表 5-6　S7-200 PLC 通信配置表（实验）

PLC 主站通信地址配置表	
单元名称	S7-200PLC 主站
PLC 型号	CPU224XP CN
PLC 厂商	西门子
端口 0	ModBus 通信
端口 1	PPI 通信

输出（S7-200 PLC 至 PEC 6000 PLC1）									
S7-200					PEC 6000 PLC1				
通道号（CH）	位	说明	状 态		写入对应通道	位	说明	状 态	
			1	0				1	0
VW301 对应（VB300 和 VB301）	V300.0		有效	无效	VW0	V10.08		有效	无效
	…		有效	无效		…		有效	无效
	V301.0	联机请求 ok	有效	无效		V0.00	联机请求 ok	有效	无效
	V301.1	复位命令	有效	无效		V0.01	复位命令	有效	无效
	V301.2	示教命令	有效	无效		V0.02	示教命令	有效	无效
	V301.3	记录命令	有效	无效		V0.03	记录命令	有效	无效
	V301.4	再现命令	有效	无效		V0.04	再现命令	有效	无效
	V301.5	急停命令	有效	无效		V0.05	急停命令	有效	无效
	V301.6	报警信号	有效	无效		V0.06	报警信号	有效	无效
	V301.7	再现运动完成	有效	无效		V0.07	再现运动完成	有效	无效

（续表）

输入（PEC 6000 PLC2 至 S7-200 PLC）								
S7-200					PEC6000 PLC2			
读入通道号	位	说明	状 态		通道号	说明	状 态	
			1	0			1	0
VW601 对应（VB600 和 VB601）	V600.0				VW4	V4.08	有效	无效
	…					…	有效	无效
	V601.0	站点通信	有效	无效		V4.00	站点通信	有效	无效
	V601.1	复位中	有效	无效		V4.01	复位中	有效	无效
	V601.2	复位完成	有效	无效		V4.02	复位完成	有效	无效
	V601.3	进入示教模式	有效	无效		V4.03	进入示教模式	有效	无效
	V601.4	示教记录完成	有效	无效		V4.04	示教记录完成	有效	无效
	V601.5	示教再现中	有效	无效		V4.05	示教再现中	有效	无效
	V601.6	示教再现完成	有效	无效		V4.06	示教再现完成	有效	无效
	V601.7	所有轴示教再现完成	有效	无效		V4.07	所有轴示教再现完成	有效	无效

复位操作，需要 1～4 轴分别通过 MC_JOG 指令找到对应的限位位置，并通过 MC_MoveRelative 返回各轴对应的距离，并在 1～4 轴复位都完成后或者急停和示教结束后，需要清除复位完成信号。

4. 示教编程及实现

通过操作 1～4 轴正转或反转按钮来实现 1～4 轴电机的运动，并在需要记录的地方按下记录按钮。每按一次"记录"按钮，记录一组数据。按下"记录"按钮后必须等待 S7-200 PLC 输出端 Q0.2 变亮且"记录"指示灯亮起后方可松开按钮，Q0.2 变亮表明数据记录成功，如果在 Q0.2 未变亮前松开按钮，数据可能未记录成功；所记录示教数据存储于 PLC 的特殊寄存器 SM 区，其中 1 轴位置信息 VD80 通过*VD450 传递至 SMD258，2 轴或者 6 轴位置信息 VD82 通过*VD452 传递至 SMD260，3 轴位置信息 VD84 通过*VD454 传递至 SMD262，4 轴位置信息 VD86 通过*VD456 传递至 SMD264，手爪电磁阀信息 VD200 通过*VD458 传递至 SMD266。SMD256 用于记录保存的数据组数。每一次示教记录执行完毕后，指针 VD450 地址加 10，即指向 SMD268，为下一次示教数据记录做准备，并且示教的总数寄存器 SMD256 加 1。1～4 轴示教记录程序见图 5-13。

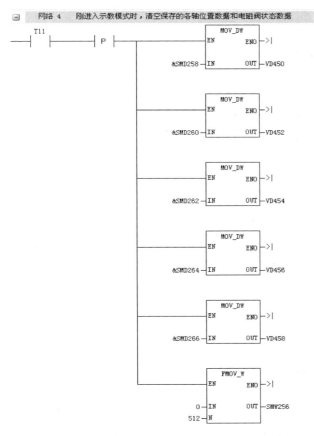

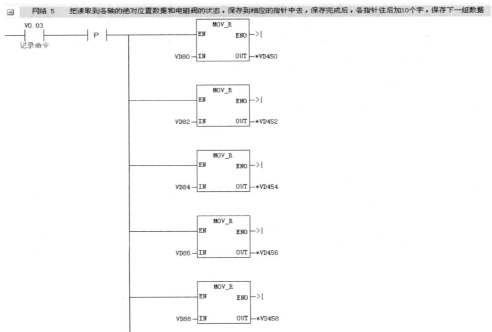

图 5-13　1~4 轴示教记录程序图

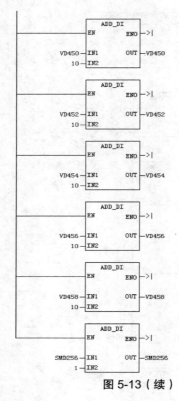

图 5-13（续）

5. 再现实现及编程

再现过程是示教过程的逆过程。1 轴通过*VD450 将指针所指地址的 SMD258 中的数据传递至 VD180 中执行；2 轴通过*VD452 将指针所指地址的 SMD260 中的数据传递至 VD182 中执行；3 轴通过*VD454 将指针所指地址的 SMD262 中的数据传递至 VD184 中执行；4 轴通过*VD456 将指针所指地址的 SMD264 中的数据传递至 VD186 中执行，执行 1～4 轴再现运行的梯形图如图 5-14 所示。

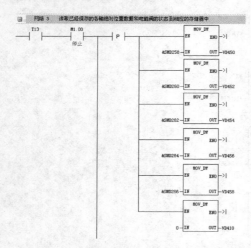

图 5-14　1~4 轴再现运行（MC_MoveAbsolute 的加 3、4 轴）

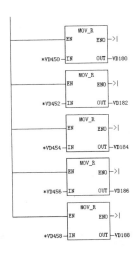

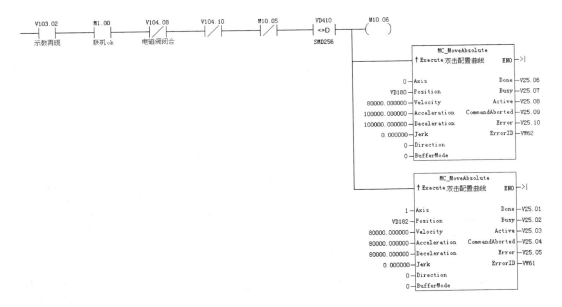

图 5-14（续）

在进行机器人再现动作时，由于在模块化机器人的电磁阀动作期间需要完成对应的工件吸附或放置，为了提高设备的稳定性，在吸附或放置的时候不能进行任何的相关轴的再现运动，因此设置 V104.08 和 V104.10 为电磁阀开或合的瞬时状态，只有 V104.08 和 V104.10 没有输出时，才能进行后续的示教再现。电磁阀动作期间禁止记录及再现程序见图 5-15。

1～4 轴复位、示教记录及再现运行程序流程图见图 5-16。

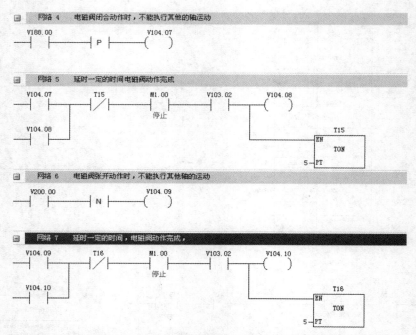

图 5-15 电磁阀动作期间禁止记录及再现程序图

图 5-16 1~4轴复位、示教记录及再现运行程序流程图

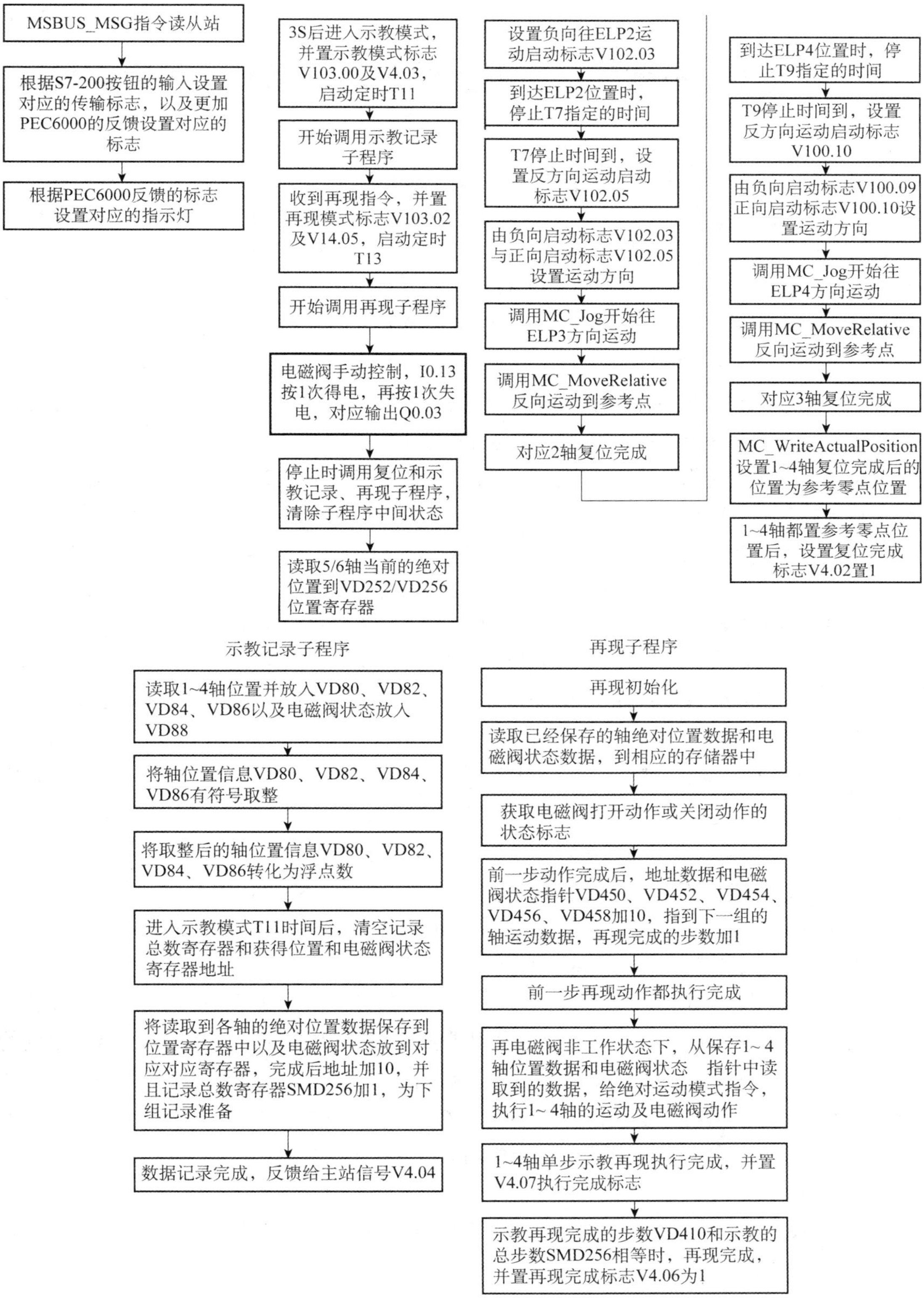

MSBUS_MSG指令读从站

↓

根据S7-200按钮的输入设置对应的传输标志，以及更加PEC6000的反馈设置对应的标志

↓

根据PEC6000反馈的标志设置对应的指示灯

3S后进入示教模式，并置示教模式标志V103.00及V4.03，启动定时T11

↓

开始调用示教记录子程序

↓

收到再现指令，并置再现模式标志V103.02及V14.05，启动定时T13

↓

开始调用再现子程序

↓

电磁阀手动控制，I0.13按1次得电，再按1次失电，对应输出Q0.03

↓

停止时调用复位和示教记录、再现子程序，清除子程序中间状态

↓

读取5/6轴当前的绝对位置到VD252/VD256位置寄存器

设置负向往ELP2运动启动标志V102.03

↓

到达ELP2位置时，停止T7指定的时间

↓

T7停止时间到，设置反方向运动启动标志V102.05

↓

由负向启动标志V102.03与正向启动标志V102.05设置运动方向

↓

调用MC_Jog开始往ELP3方向运动

↓

调用MC_MoveRelative反向运动到参考点

↓

对应2轴复位完成

到达ELP4位置时，停止T9指定的时间

↓

T9停止时间到，设置反方向运动启动标志V100.10

↓

由负向启动标志V100.09正向启动标志V100.10设置运动方向

↓

调用MC_Jog开始往ELP4方向运动

↓

调用MC_MoveRelative反向运动到参考点

↓

对应3轴复位完成

↓

MC_WriteActualPosition设置1~4轴复位完成后的位置为参考零点位置

↓

1~4轴都置参考零点位置后，设置复位完成标志V4.02置1

示教记录子程序

读取1~4轴位置并放入VD80、VD82、VD84、VD86以及电磁阀状态放入VD88

↓

将轴位置信息VD80、VD82、VD84、VD86有符号取整

↓

将取整后的轴位置信息VD80、VD82、VD84、VD86转化为浮点数

↓

进入示教模式T11时间后，清空记录总数寄存器和获得位置和电磁阀状态寄存器地址

↓

将读到到各轴的绝对位置数据保存到位置寄存器中以及电磁阀状态放到对应对应寄存器，完成后地址加10，并且记录总数寄存器SMD256加1，为下组记录准备

↓

数据记录完成，反馈给主站信号V4.04

再现子程序

再现初始化

↓

读取已经保存的轴绝对位置数据和电磁阀状态数据，到相应的存储器中

↓

获取电磁阀打开动作或关闭动作的状态标志

↓

前一步动作完成后，地址数据和电磁阀状态指针VD450、VD452、VD454、VD456、VD458加10，指到下一组的轴运动数据，再现完成的步数加1

↓

前一步再现动作都执行完成

↓

再电磁阀非工作状态下，从保存1~4轴位置数据和电磁阀状态 指针中读取到的数据，给绝对运动模式指令，执行1~4轴的运动及电磁阀动作

↓

1~4轴单步示教再现执行完成，并置V4.07执行完成标志

↓

示教再现完成的步数VD410和示教的总步数SMD256相等时，再现完成，并置再现完成标志V4.06为1

图 5-16（续）

5.3 任务3——模块化机器人的复位、示教及再现编程

有了二轴和四轴的编程，模块化机器人的程序相当于两个的叠加，只是在编程上需要留意下面的一些情况。模块化机器人的上位机采用西门子 S7-200 的 PLC，下位机 PEC 6000 PLC1 实现 1～4 轴的电机控制及电磁阀的动作控制，而下位机 PEC 6000 PLC2 实现 5～6 轴的控制，因此其总控 S7-200 的程序在复位标志位、读写从站等时应该同时考虑 PEC 6000 PLC1 和 PEC 6000 PLC2。并且在示教再现、复位等指示灯状态显示时，需要都收到 PEC 6000 PLC1 和 PEC 6000 PLC2 的示教再现或复位完成后才能将对应的指示灯点亮。因此总控 S7-200 的程序是 2 轴和 4 轴控制的综合叠加，具体可见图 5-17 所示总控程序流程图。而在 PEC 6000 PLC2 的再现程序实现中也要考虑到电磁阀动作期间，不能进行再现操作。模块化机器人的硬件地址配置表及通信配置与 2 轴、4 轴的编程一样，这里不再单独列出。通过 6 轴及执行终端电磁阀的复位、示教及再现操作实现模块化机器人对指定位置的重复再现（PTP 控制方式）。需要注意的是，在示教再现时由于终端手爪或电磁阀要完成工件的拾放需要有一定时间，在这段时间内各轴需要暂停后续的再现动作，因此，在手爪或电磁阀动作时，不能进行再现操作。在 2 轴编程中暂时没有考虑到手爪和电磁阀的动作，因此需要在程序上加以补充。在其他操作要求相同，具体如下：

① 按下复位按钮，对应的单轴开始复位，S7-200 PLC 输出端 Q0.0 亮，面板上"复位"指示灯闪烁。

② 复位完成后，S7-200 PLC 输出端 Q0.0 灭，"复位"指示灯灭，Q0.4 亮，"复位完成"指示灯常亮。

③ 模块化机器人复位完成后，才能进行示教、再现。

④ 所操作的轴复位完成后，按住"示教"按钮约 3s，S7-200 PLC 输出端 Q0.1 亮，面板上"示教"指示灯常亮，表明模块化机器人进入了示教模式。请注意系统一旦进入示教模式，原来的示教数据将被清除，必须重新示教。

⑤ 通过操作 1～6 轴正转或 1～6 轴反转按钮来实现 1～6 轴电机的运动，并在需要记录的地方，按下记录按钮。并在需要电磁阀或手爪执行动作的位置，按下手爪或电磁阀的动作按钮，并按下记录按钮，每按一次"记录"按钮，记录一组数据。在记录数据时请注意，按下"记录"按钮后必须等待 S7-200 PLC 输出端 Q0.2 变亮且"记录"指示灯亮起后方可松开按钮，Q0.2 变亮表明数据记录成功，如果在 Q0.2 未变亮前松开按钮，数据可能未记录成功。

⑥ 示教动作记录完毕后，按下"示教"按钮 3s 退出示教模式，同时"示教"指示灯熄灭。

图 5-17　模块化机器人的复位、示教记录及再现运行程序流程图

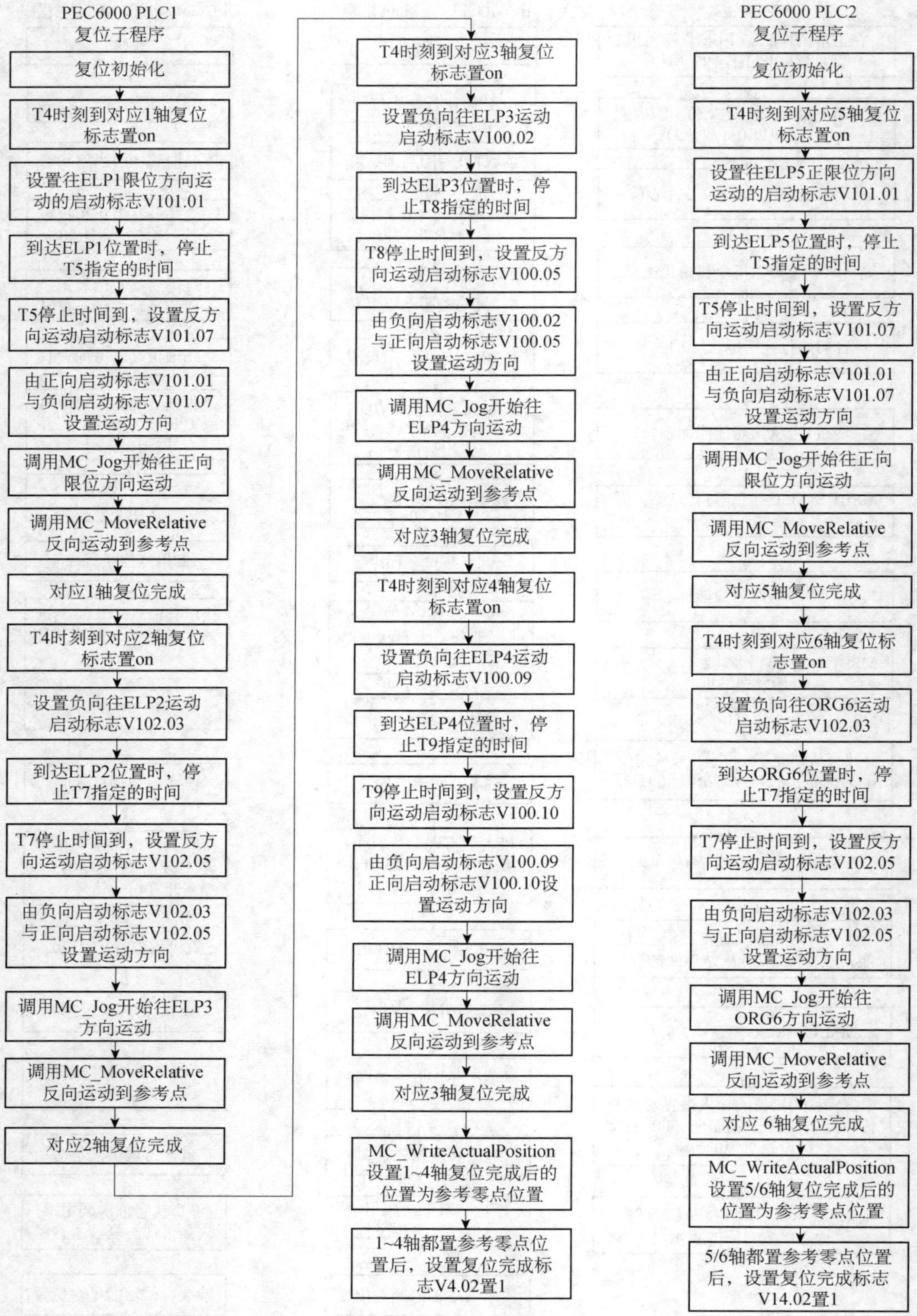

PEC6000 PLC1
复位子程序

复位初始化

T4时刻到对应1轴复位
标志置on

设置往ELP1限位方向运
动的启动标志V101.01

到达ELP1位置时，停止
T5指定的时间

T5停止时间到，设置反方
向运动启动标志V101.07

由正向启动标志V101.01
与负向启动标志V101.07
设置运动方向

调用MC_Jog开始往正向
限位方向运动

调用MC_MoveRelative
反向运动到参考点

对应1轴复位完成

T4时刻到对应2轴复位
标志置on

设置负向往ELP2运动
启动标志V102.03

到达ELP2位置时，停
止T7指定的时间

T7停止时间到，设置反方
向运动启动标志V102.05

由负向启动标志V102.03
与正向启动标志V102.05
设置运动方向

调用MC_Jog开始往ELP3
方向运动

调用MC_MoveRelative
反向运动到参考点

对应2轴复位完成

T4时刻到对应3轴复位
标志置on

设置负向往ELP3运动
启动标志V100.02

到达ELP3位置时，停
止T8指定的时间

T8停止时间到，设置反方
向运动启动标志V100.05

由负向启动标志V100.02
与正向启动标志V100.05
设置运动方向

调用MC_Jog开始往
ELP4方向运动

调用MC_MoveRelative
反向运动到参考点

对应3轴复位完成

T4时刻到对应4轴复位
标志置on

设置负向往ELP4运动
启动标志V100.09

到达ELP4位置时，停
止T9指定的时间

T9停止时间到，设置反方
向运动启动标志V100.10

由负向启动标志V100.09
正向启动标志V100.10设
置运动方向

调用MC_Jog开始往
ELP4方向运动

调用MC_MoveRelative
反向运动到参考点

对应3轴复位完成

MC_WriteActualPosition
设置1~4轴复位完成后的
位置为参考零点位置

1~4轴都置参考零点位
置后，设置复位完成标
志V4.02置1

PEC6000 PLC2
复位子程序

复位初始化

T4时刻到对应5轴复位
标志置on

设置往ELP5正限位方向
运动的启动标志V101.01

到达ELP5位置时，停止
T5指定的时间

T5停止时间到，设置反方
向运动启动标志V101.07

由正向启动标志V101.01
与负向启动标志V101.07
设置运动方向

调用MC_Jog开始往正向
限位方向运动

调用MC_MoveRelative
反向运动到参考点

对应5轴复位完成

T4时刻到对应6轴复位标
志置on

设置负向往ORG6运动
启动标志V102.03

到达ORG6位置时，停
止T7指定的时间

T7停止时间到，设置反方
向运动启动标志V102.05

由负向启动标志V102.03
与正向启动标志V102.05
设置运动方向

调用MC_Jog开始往
ORG6方向运动

调用MC_MoveRelative
反向运动到参考点

对应6轴复位完成

MC_WriteActualPosition
设置5/6轴复位完成后的
位置为参考零点位置

5/6轴都置参考零点位置
后，设置复位完成标志
V14.02置1

图 5-17（续）

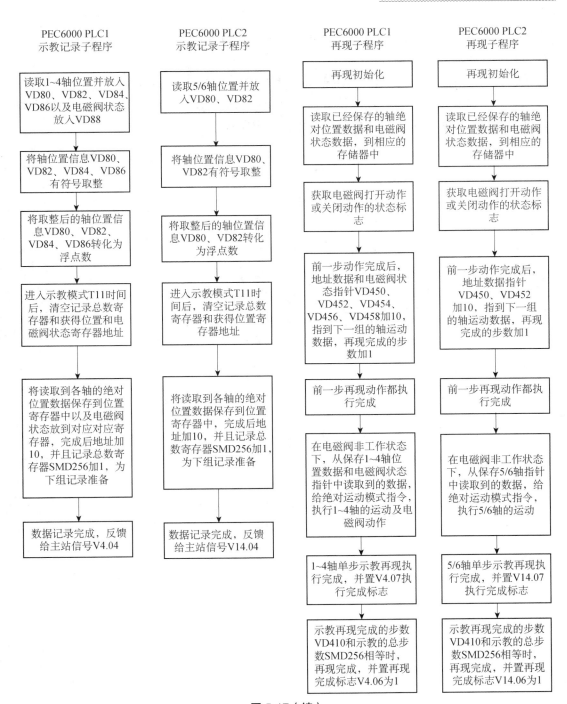

PEC6000 PLC1 示教记录子程序	PEC6000 PLC2 示教记录子程序	PEC6000 PLC1 再现子程序	PEC6000 PLC2 再现子程序
读取1~4轴位置并放入VD80、VD82、VD84、VD86以及电磁阀状态放入VD88	读取5/6轴位置并放入VD80、VD82	再现初始化	再现初始化
将轴位置信息VD80、VD82、VD84、VD86有符号取整	将轴位置信息VD80、VD82有符号取整	读取已经保存的轴绝对位置数据和电磁阀状态数据，到相应的存储器中	读取已经保存的轴绝对位置数据和电磁阀状态数据，到相应的存储器中
将取整后的轴位置信息VD80、VD82、VD84、VD86转化为浮点数	将取整后的轴位置信息VD80、VD82转化为浮点数	获取电磁阀打开动作或关闭动作的状态标志	获取电磁阀打开动作或关闭动作的状态标志
进入示教模式T11时间后，清空记录总数寄存器和获得位置和电磁阀状态寄存器地址	进入示教模式T11时间后，清空记录总数寄存器和获得位置寄存器地址	前一步动作完成后，地址数据和电磁阀状态指针VD450、VD452、VD454、VD456、VD458加10，指到下一组的轴运动数据，再现完成的步数加1	前一步动作完成后，地址数据指针VD450、VD452加10，指到下一组的轴运动数据，再现完成的步数加1
		前一步再现动作都执行完成	前一步再现动作都执行完成
将读取到各轴的绝对位置数据保存到位置寄存器中以及电磁阀状态放到对应对应寄存器，完成后地址加10，并且记录总数寄存器SMD256加1，为下组记录准备	将读取到各轴的绝对位置数据保存到位置寄存器中，完成后地址加10，并且记录总数寄存器SMD256加1，为下组记录准备	在电磁阀非工作状态下，从保存1~4轴位置数据和电磁阀状态指针中读取到的数据，给绝对运动模式指令，执行1~4轴的运动及电磁阀动作	在电磁阀非工作状态下，从保存5/6轴指针中读取到的数据，给绝对运动模式指令，执行5/6轴的运动
数据记录完成，反馈给主站信号V4.04	数据记录完成，反馈给主站信号V14.04	1~4轴单步示教再现执行完成，并置V4.07执行完成标志	5/6轴单步示教再现执行完成，并置V14.07执行完成标志
		示教再现完成的步数VD410和示教的总步数SMD256相等时，再现完成，并置再现完成标志V4.06为1	示教再现完成的步数VD410和示教的总步数SMD256相等时，再现完成，并置再现完成标志V14.06为1

图 5-17（续）

⑦ 示教完成后，按下"复位"按钮，对系统进行复位，S7-200 PLC Q0.0 亮，"复位"指示灯闪烁。

⑧ 复位完成后，S7-200 PLC Q0.4 亮，"复位完成"指示灯常亮。

⑨ 按下再现按钮，为确保该信号通信成功，按下"再现"按钮时间需稍长。S7-200 PLC Q0.3 亮，"再现"指示灯闪烁，系统进入再现模式。

参考文献

1. 李成华，机电一体化技术. 北京：中国农业大学出版社，2008.

2. Newton C.Braga 著，卢伯英译. 机电一体化小装置制作. 北京：科学出版社出版，2007.

3. 大连理工计算机工程控制有限公司. DCCE 网络化可编程控制器用户编程手册. 2013.

4. 大连理工计算机工程控制有限公司. PLC_Config 软件编程手册. 2010.

5. 江苏汇博机器人技术股份有限公司. 多控制模块化机器人实验及软件指导书. 2013.

6. 行星齿轮工作原理，http://www.pnpv.com/trends/show177.html.